母亲湖之歌

滇池治理保护专辑

天雨流芳丛书

刘云　主编

云南出版集团
云南人民出版社

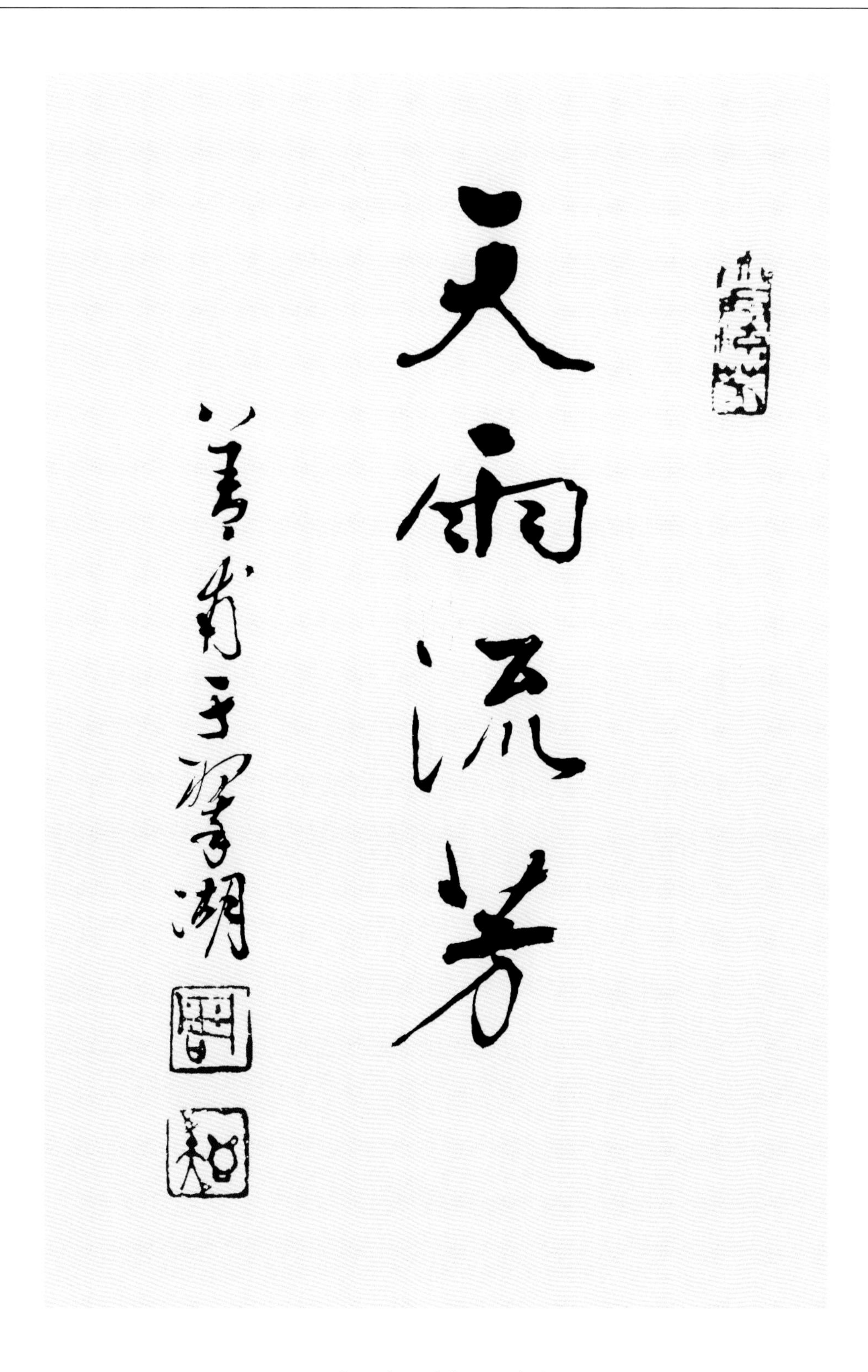

中国著名学者、教育家、书法家
周善甫先生书法墨迹

指 导 单 位：中共云南省委宣传部
主　　　管：云南省文产办
主　　　办：云南文化产业投资控股集团有限公司
　　　　　　云南创意文化产业投资有限公司
　　　　　　云南美术研究院
学 术 支 持：中国国家画院美术研究院

《天雨流芳》丛书编委会

总监制：罗　杰　（中共云南省委宣传部常务副部长）
孙　炯　（云南省文化产业办公室专职副主任）
程大厚　（华侨城云南投资有限公司董事长）
陶国相　（云南文投集团党委书记、董事长）
游　炜　（云南文投集团党委副书记、总经理）
格桑顿珠（云南省香格里拉研究会会长）
总策划：邸鸿斌　（云南创意文化产业投资有限公司董事长）
监　制：李　颖　吴志勤　缪开和　童志平　李　凯　杨劲松
双凤鹍　王　博　韩午彦　康汝林
监制人：尹家屏　（昆明市滇池管理局局长）
策　划：尹家屏　（昆明市滇池管理局局长）
吴朝阳　（昆明市滇池管理局副局长）
李宏坤　（云南文产金鼎建设投资开发有限公司董事长）
主　编：刘　云
执行主编：杨亚伦
副主编：程肇琳　余卫东　何　燕　刘瑞华
成　员：张　倩　张佳燕　杨曙文　李　熙　张　黎　姚　骅
杨金奎　肖　蕾　沈　雯
特约摄影：杨　峥　杨志刚　黄喆春
美编设计：官　玲
审　校：以　真

《天雨流芳》丛书编辑部

主　　任：李宏坤（0871-68260806）
联系电话：13888954878
邮　　箱：542501793@qq.com
联络编辑：张　倩（0871-68260806）
联系电话：18487219005
邮　　箱：1803213999@qq.com
传　　真：0871-68260806
地　　址：昆明市高新区科华路一号山灞大厦17楼
邮　　编：650118

法律顾问：吕卫国　律师（云南省九州方圆律师事务所）

Contents 目录

母亲湖之歌

滇池治理保护专辑

一 • 一片闲云到滇海（地理历史篇）

二 • 山色满湖能不醉（成就篇）

三·湖光一派变春声（展望篇）

序

滇池清 昆明兴 滇池净 昆明美

文 / 王喜良

昆明之美，美在滇池。滇池，南北长、东西窄，形似弯月，水域面积300多平方公里，是半封闭的宽浅型湖泊。湖不深而空灵，山不高而清秀，成就了昆明半城山色半城水的组合奇貌。水边漫步，湖中游泳，都是滇池留给市民的美好记忆。“喜茫茫空阔无边”的“五百里滇池”，既塑造了“九夏芙蓉，三春杨柳”的美景，也成就了昆明“春城”美誉。滇池，亦是“滇文化”的摇篮，3万年前“昆明人”就在滇池周围生息繁衍，两千八百多年前，滇池流域青铜文化已与中原地区相接近，公元前3世纪庄蹻入滇建立滇国等等。滇池也激发了众多文人的灵感，留下了孙髯翁的《大观楼长联》、杨慎的《滇海曲》等千古名篇。

昆明之痛，痛在滇池。20世纪70年代，昆明人“向滇池要粮”，大举围海造田，缩减了滇池水域和湖滨生态湿地。20世纪80年代末开始，乡镇企业发展、城市规模扩大、人口增长导致入湖污染负荷迅速增加，滇池流域内的人类活动突破了环境承载能力，滇池水质恶化到劣V类，富营养化严重。20世纪90年代初开始，滇池成为我国污染最严重的湖泊之一。来水有限、围海造田、污染毁水、淤浅湖湾、山体支离、水土流失致使高原明珠失色，成为笼罩在昆明人心头的一片阴云。

昆明之兴，兴在滇池。昆明依滇池而建，滇池流域以占昆明市13.8%的国土面积，积聚了全市57%的人口，创造了全市80.9%的生产总值，承载着昆明市的经济社会发

展重任。已经觉醒的昆明人，深刻认识到“滇池清，昆明兴，滇池净，昆明美”，坚决贯彻落实党中央、国务院和省委、省政府的部署要求，把滇池治理作为全市工作的头号工程、头等大事，全面实施环湖截污及交通、外流域引水及节水、入湖河道整治、农业农村面源治理、生态修复与建设、生态清淤“六大工程”，以空前力度开展滇池水污染治理，以期水碧泉清、恩泽春城。

环湖截污，不让一滴污水进入滇池。在昆明主城及环湖建成了5722公里市政排水管网、96公里环湖截污干（管）渠、17座雨污调蓄池和22座城市污水处理厂（日处理规模202万立方米），片区截污、河道截污、农村集镇截污、干渠（管）截污体系已经形成。

农业农村面源治理，削减面源污染负荷。在流域取缔680万头（只）畜禽养殖，建成20个集镇、885个村庄生活污水收集处理设施，建立了农村垃圾“组保洁、村收集、乡运输、县处置”的运转机制。

生态修复与建设，提升水环境的“免疫力”。在滇池湖滨退塘退田4.5万亩、退房152.1万平方米、退人2.6万人，建成湖滨生态湿地5.4万亩，增加滇池水面面积11.51平方公里，实现了“与湖争水”向“还水于湖”的历史性转变。

入湖河道整治，建设碧水青山、生命水岸。全面深化“河长制”，市领导挂帅当“河长”，综合整治36条主要出（入）湖河道及84条支流，水清岸绿、河道清晏的景观已初步显现。

生态清淤，从湖底窒息到生态呼吸。在滇池草海、外海18平方公里范围内实施底泥疏浚，疏浚底泥1517万立方米，开展生物治理和蓝藻清除等内源污染治理工程。

外流域调水与节水，增强水动力。牛栏江—滇池补水工程建成通水，每年补水滇池5.66亿立方米，建成518座各类再生水利用设施，日处理总规模达到31.78万立方米，昆明市荣获国家节水型城市称号。

通过艰苦努力，到“十二五”末，滇池湖体水质消除了黑臭异味，重度富营养转变为中度富营养。36条入湖河道水质明显提升，综合污染指数明显下降。2016年滇池外海和草海水质类别均由劣Ⅴ类提升为Ⅴ类，实现了近20年来的首次突破，摘掉了“劣”的帽子。2017年，滇池全湖总体水质保持Ⅴ类。滇池水质的改善给滇池带来了新的生命力，海东湿地、捞鱼河湿地等3600多公顷湖滨生态湿地，被央视评为“中国最美湿地”。湿地公园、滇池岸边成为广大市民、中外游客赏景休闲好去处，古滇名城、万

达旅游城等一批重大文旅以及大健康项目环湖布局，上合昆明国际马拉松赛、格兰芬多国际自行车赛、中华龙舟赛等赛事在滇池边成功举办，滇池治理的生态效益和社会效率极大提升，生态文明的潜质显著显现。

昆明愿景，系于滇池。党的十九大报告深刻指出：“建设生态文明是中华民族永续发展的千年大计。必须树立和践行绿水青山就是金山银山的理念，坚持节约资源和保护环境的基本国策，像对待生命一样对待生态环境。”习总书记2015年在视察云南时指示“要算大账、算长远账、算整体账、算综合账”，嘱托要像保护眼睛一样保护生态环境，继续加大对滇池等高原湖泊的保护治理力度。当前，昆明建设区域性国际中心城市征程已经开启，绿色必须成为发展的明媚底色。我们必须认真学习贯彻党的十九大精神，以习近平新时代中国特色社会主义思想为指引，着力打造蓝天永驻、碧水长流、绿润昆明、花香满城的世界春城花都，努力成为生态文明建设排头兵示范城市、“美丽中国”典范城市。在这一征途上，只有打赢滇池治理持久战和攻坚战，才有厚实的基础、可靠的保障。昆明将按照国务院“水污染防治行动计划”（水十条）的要求，根据“量水发展，以水定城”的原则，突出源头重治，着重解决点源和面源污染问题；突出工程整治，充分发挥工程设施的环境效益；突出河长主治，努力实现河（渠）湖库功能的永续利用；突出标本兼治，切实推进滇池流域的生产生活方式转变；突出依法严治，不断提高滇池治理法治化水平；突出社会共治，积极引导群众参与滇池保护治理，不断推动滇池治理在新时代取得更大成绩。

喧嚣远离，身心放飞，在鸥鹭竞翔的滇池之畔，让芸芸众生亲近滇池、阅读自然，是昆明人与盛情山水的完美融合。还绿色给自然，还清澈给高原的那一抹蔚蓝，是全市人民的共同责任。相信治理后的滇池，将重放往日的光彩，滇池，必将以靓丽的身姿挺立于红土高原。

（作者系昆明市人民政府市长）

一座大湖的千年梦想

文 / 杨亚伦

滇池之大，古人谓之：巨浸、巨津、巨流。

两千年前，汉书《史记·西南夷列传》载：“蹻至滇池，池方三百里，旁平地，肥饶数十里。”从此，古人对滇池的认识停留在了 300 里。

明代诗人杨慎《滇海曲》说：“昆明池水三百里，汀花海藻十州连。”明贡生闪应雷《高峣登舟》说：“湖光三百里，一棹界中流。”云贵总督鄂尔泰《修浚海口六河疏》说：“海之大，周围三百余里。”清进士刘大坤《春晓望太山》说：“昆池倒流三百里。”明洪武三年《张立道传》说：“昆明池环五百里，夏潦暴至，必冒城郭。”文中一是将滇池提到 500 里，二是披露了昆明城面临着一个巨大危机：水患。

元至明初，中国正处于气候学上的第四个温暖期，南涝北旱最为常见。明《云南志》：“滇为云南巨津，每夏秋水生，弥望无际，池旁之田，岁饫其害。”

元以前滇池还是一个自然湖泊，盈涸依自然规律进行，未加人为调节。那时“金碧不受五岳之封，滇池不与四渎之祀，亦之洁矣”。1254 年元兵攻打昆明时还“城际滇池，三面皆水”。地方史学家方国瑜在《滇池水域的变迁》中推测，那时水位 1889 米，水至官渡，尚保持着古滇池水线。

第一次降低滇池水位工程是在 1275 年。这年暴雨致“昆明池口塞，水及城市，大田废弃”。赛典赤急调劝农使张立道治水，“付二千役而决之，三年有成”。海口河床被挖低 3 米，湖水大泄，得田万亩。对于这次大规模人工干预，方国瑜认为：“经此次大工程后，改变了自古以来滇池水位。”

此后元、明、清三朝对海口河“三年一大修，每年一小修”，600 多年里，大修几十次，小修数百次，昆明百万军民为治理滇池水患，付出艰辛的劳动和巨大牺牲，病死、累死、淹死、砸死者无数，这些伟大的劳动者没有一人留下自己的名字。只有明《海口修浚碑》

记：“役丁夫至者满一万五千，偕手竞作，乃治大河。”

古代滇池是一池“金山银水”。治理滇池关乎国家政权稳定、军民粮食供给、固边守土的头等大事。自元以来，上至中央朝廷，下至云南地方政府都极为重视。清云贵总督鄂尔泰给雍正上疏说：“云南省会向称山富水饶。而耕于山者不富，滨于水者不饶。故筹水利莫急于滇，而筹滇之水利，莫急于滇池之海口。”

水是农业的命脉，农耕时代，滇池无小事。于是就看到这样的场景：

元代赛典赤不但亲自筹划上游松花坝修筑和下游海口河疏浚，还命三子忽辛协助张立道凿石疏淤。明代黔宁王沐英调集万余夫役疏挖海口河，垦田 97 万亩。都督沐璘调集夫役 8 万余人，修南坝闸，灌田 10 万余亩。巡抚陈金调“六卫军民二万有奇”投入挖河工程，令各州县官民夫划地分工，照界疏浚。巡抚顾应祥调集 2 万余夫役，并亲率云南府大小官员 20 余人上工地督导疏浚。巡抚邹应龙调集指挥千百户军官和一万五千夫役筑坝闸水分段兴工。布政使方良曙、屯田副宪罗汝芳深入海口河工地调查，改筑螺滩坝为挖豹子山河道。

清代治理滇池水患一直受到雍正、乾隆皇帝高度关注。《清实录》记：“雍正十年四月（1732 年），鄂尔泰奏海口疏浚，得旨：从之。”“乾隆四十八年二月辛卯（1783 年 4 月 1 日），云南巡抚刘秉恬奏盘龙江为六河巨津，现饬挑挖深通，并培堤、砌闸、筑坝，分段定限报竣。得旨：嘉奖。”“乾隆十四年（1749 年），云贵总督张允随报：‘昆明城外金汁等六河，因山水涨发，沿河堤岸及海口壅塞坍损，应急动项修整。’得旨：从之。”1785 年 5 月 21 日，74 岁高龄的乾隆，在察看云南巡抚刘秉恬报来的海口河道情形图时，亲自朱批 200 多字论述滇池“海水入江”，批评该抚“措词殊为失当，着军机大臣传喻知之”。

清“模范总督”鄂尔泰不但调集万人挖河，为获一手资料，亲自乘船用竹竿探查海口河水，写出极有见地的《修浚海口六河疏》，提出全面系统的疏浚计划。云南粮储道黄士杰亲历海口等河道疏浚，写出治水名作《云南省城六河图》留传后世。雍正、乾隆、嘉庆、道光、同治、光绪二百多年间，总督鄂尔泰，巡抚刘秉恬，巡抚初彭龄，总督阮元、伊布里、王继文、贝和诺、高其倬，巡抚严伯焘、郭璞、岑毓英，相续率绅民大修海口河及六河。

当时治理滇池是“一把手工程”，由云南最高行政长官担任。据史料记载，历次大修工程挂帅主官：平章政事2人，王1人，公1人，镇守1人，总督11人，巡抚6人，布政使1人。在杨慎所撰《海口修浚碑》里，还记有参加疏浚的“分役诸末员，照磨、典使、驿承、河泊、巡检、千百户而下官凡二十人有差”。

昆明于明弘治十五年（1502年）首创“海夫”“坝长”制度，设立专门负责海口修浚人员，“在田赋之正供，曰海夫”。在15个坝“各设坝长一，坝夫十守之”，负责巡守、查勘、抢险。规定岁修、大修条例，“每年三月，必挖海口”，环湖4县分段包干疏浚。那时，治水全靠人力，“伐木于山，采竹于林，取海簰于水，成铁具于冶，功器物于肆”。而效果却令人惊叹：“水得就下，其声如雷，不数月而池之水十已去其六七，地土尽出膏腴沃壤者百万有奇。”

治理滇池水患，改善农田灌溉条件，极大地改变了昆明农业发展格局，开垦出百万亩良田，增加了粮食、人口、税收，促进了商业繁荣，积累了极其宝贵的治水经验，为昆明成为云南全省政治经济中心，奠定了坚实的基础。每到夏收，稻浪滚滚，一个“鱼米之乡”在高原诞生。

“一片昆池水，盈盈眼底来。”两千年建城史，就是一部两千年母亲湖哺育史。600年来昆明百万军民治理滇池水患，谱写了一部史诗，创造了一种精神，留下了一座绝美的大湖。

这种绝美老舍称“静美”，费孝通称“秀美”，林徽因称“柔美”，杨朔称“醉美”。而古代诗人李元阳称之：“担头诗卷半挑酒，水上人家都种莲。”时亮功称之：“日暮泊船何太晚，太华山下打魚回。”王毓麟称之：“六尺小船呼不应，水禽沙鸟向人啼。”

20世纪80年代，一本译作《寂静的春天》震惊了国人，那是1962年美国女作家蕾切尔·卡森的呕心力作，是人类首次关注环境问题的标志性著作。书中那惊世骇俗的关于农药危害人类环境的预言，不仅受到与之利害攸关的生产与经济部门的猛烈抨击，而且也强烈震撼了美国民众。不幸的是，当年作者所预言的环境污染问题，在中国同样发生了。

一天早上，昆明诗人于坚写下了《哀滇池》：“滇池死了，我们却活着。”

曾经美得让人窒息的大湖，这次面对的不再是水患。从20世纪七八十年代开始，一场致命的“生态危机”正悄悄走来。在每年11000吨生产废水、4380万吨城市生活污

水、13900吨农牧业有机污染物、27854吨污染物、332吨重金属的重压下，滇池终于悲壮地倒了，成为全国污染最严重的湖泊之一。

1988年，昆明开始向滇池污染宣战。这年，昆明市政府成立了滇池综合治理领导小组。这年，昆明市人大颁布《滇池保护条例》，第二年印发《滇池综合整治大纲》。1993年4月，云南省政府在海埂召开治理滇池现场办公会，并决定："用18年时间，投入30亿元，分3个阶段完成滇池流域的根本治理。"2003年，滇池被列为"九五"期间国家重点治理的"三河三湖"之一，滇池水污染治理走上了系统化、法制化的轨道。4个五年规划，实际实施247个项目，总投资509.18亿元，规模宏大的环湖截污工程、入湖河道整治工程、农业农村面源治理工程、生态修复与建设工程、生态清淤内源治理工程、外流域引水及节水工程"六大工程"基本完成。

古老的滇池在几代人30年艰苦卓绝的治理保护下，终于迎来了"第二春"，人们苦盼的"第一"开始出现：第一次实现"人退湖进"；第一次牛栏江清水滚滚入滇；第一次36条入湖河道水质明显提升；第一次湖体水环境企稳向好；第一次蓝藻水花明显减轻；第一次全湖由重度富营养转变为中度富营养；第一次草海外海由劣V类提升为V类；第一次湖体半年轻度富营养，实现20年来首次突破；第一次草海透明度平均为75厘米；第一次闻不见臭味；第一次童谣里的"海菜花，开白花"又重现；第一珍稀野生钳嘴鹳、鸬鹚、彩鹮、长脚鹬、灰雁等动物重回滇池；第一次珍稀鱼类金线鲃、银白鱼又回来了，大鱼小虾达23种；第一次开湖节千帆竞发；第一次中华龙舟大赛破浪前行；第一次海埂大坝成为一道观鸥看海的"靓丽风景线"；第一次滇池以"生态渐好，成为138种野生鸟类栖息地"登上央视新闻联播。

那一夜，许多昆明人流下了眼泪，一个湖晏水清、乾坤朗朗的新时代已经到来。

（作者系《天雨流芳》丛书执行主编）

一 • 一片闲云到滇海（地理历史篇）

滇池，曾经是云南高原上一颗最璀璨的明珠，云南最大的“海”。它广纳百川千流而浩瀚，汇集山泉溪水而壮观，以清波哺育着我们的生命，以其活力，孕育着我们的希望。

滇池孕育了百姓，滋润了文化，书写了青史，滇池是云南的骄傲，云南的福地，滇池是上苍对云南的赐予，是昆明儿女的母亲湖。

可是如今，滇池病了，它受到严重污染，不堪重负，令所有热爱它、关心它的人忧心如焚。保护滇池刻不容缓，滇池儿女开始了保护与治理滇池的一场又一场战役并初见成效。

金山银山不如绿水青山。“滇池清，昆明兴，滇池净，昆明美”。为了重新擦亮“高原明珠”，还滇池往昔的美丽，治理滇池污染，滇池儿女正在坚持不懈，孜孜矻矻，砥砺前行。

禅水滇池　（邓隽 摄）

古滇池的地理演变

文／冯庆

昆明人大都知晓“玉案山筇竹禅寺，滇之古刹也……”殊不知，这“古刹”坐落的玉案山上，那一块块散落的泥质页岩和镶嵌在其中的三叶虫化石，则记载了更为古老的滇池印记。地质学家们正是依据这些分布在滇池周边的多样岩石，再现了古滇池上亿年的沉与浮。

元古代的震旦纪初期（距今约10亿年）滇池一带还是狭长的山间盆地，接受了来自西北方“康滇古陆”的砂岩沉积。这时滇池一带的地壳还十分活跃，岩层断裂或拗曲，火山活动频繁，气候也异常寒冷。直至震旦纪晚期，滇池地区的地壳仍在持续下沉，海洋逐渐变深。

进入到古生代的寒武纪（距今约5－6亿年），滇池区域才逐渐抬升，形成一片浅海广布的区域，以三叶虫为代表的海生无脊椎动物得以在此地大量繁育。抬升的同时海水逐渐退去，滇池地区先形成了一个封闭的海湾，继而上升为陆地。此后的早奥陶纪（距今约5亿年）和晚奥陶纪（距今约4.4亿年），滇池区域又经历了一次下降为近海浅滩到抬升为陆地的海侵与海退的周期轮回。直到4亿年前，地壳下沉，海水再次自南入侵，滇池地区全都淹没于海洋之下。之后，滇池区域再次持续经历了较长一段时间的海侵、海退的海陆交替时期，沉积形成了海相的石灰岩层以及陆相沉积的煤层和铝土页岩层。与此同时，二叠纪（距今约2.3－2.8亿年）后，滇池地区还发生了火山喷发，今天西山上岩浆岩的球状风化物就是见证。从古生代地层广泛分布于滇池盆地内，且发育较为齐全的特征可以判断，滇池地区在这个时期，除短暂抬升外，基本处于被海水淹没的时期。

中生代三叠纪（距今约2.3－1.95亿年）的到来，受印支期造山运动的影响，滇池区域地壳又有了新的巨大变动，海水退出，成为陆地。在三叠、侏罗纪（距今约1.95－1.4亿年）时期，滇池

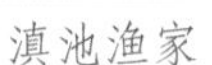

滇池渔家　　（杨志刚　摄）

区域保持了始终是陆地的格局，并且此后地壳运动也一直以上升为主。白垩纪（距今约 1.4-0.7 亿年）又是一个于滇池而言特殊的时期，一次影响巨大的地壳运动——燕山运动的发生，使得滇池区域在此前各个时期形成的老地层全都发生了断裂和褶皱，滇东地区发生了大面积的断块抬升及陷落。如今云南高原面上的高山、盆地的地貌雏形至此形成，其中，断块陷落盆地内积水成湖，奠定了滇池形成的基础。

新生代开始后，滇池地区经历了一段较长的相对静稳时期，转为以外力作用为主，地面被剥蚀夷平为略微南倾的准平原。滇池也因湖水外溢而逐渐消失，在准平原上仅留有古盘龙江顺着地势蜿蜒曲折地流淌。中新世晚期到上新世（距今约 1200 万年前后），滇池区域再次发生强烈的地壳运动——喜马拉雅造山运动。云南高原面又一次经历了间歇性的不等量抬升，其中，北部上升强度大、总量大，南部上升则表现较弱、上升量也较小，形成了今日高原面总体由北向南倾斜的地势。西山数十公里南北走向的大断层也在这一时期形成，对滇池的形成产生了决定性的影响。上新世以后的这次地壳运动，使得云南高原面上升了约 2000 米，至此造就了滇池湖泊的高原特性。

从滇池周围地区来看，西山——大青山与滇池南部的刺桐关抬升，古盘龙江南流的通路从此被阻断，大量河水就此积聚在相对低洼的湖盆内，滇池再度形成。这时的滇池湖泊面积很大，约 1000 平方千米，范围可达现今的昆明市郊、呈贡、晋宁等以及分水岭内的整个滇池流域，深度达百米左右。古盘龙江被阻后，湖水愈积愈多，水位日渐升高，一方面是湖泊的湖蚀力不断增强，另一方面在滇池西南部海口附近，沿次一级断裂发育的小谷地内，发生了河流袭夺，最终切开了与滇池间的分水岭，将滇池水引向了新的出路，滇池水改向而沿着安宁盆地向西后折向北，经富民、禄劝等地后注入金沙江，滇池正式成为了长江流域的一部分。随着新出路的不断下蚀加深，谷地不断扩大，形成了海口河。此后，滇池周围地区持续受新构造运动影响，地面大幅度的抬升、海口河的不断深切开阔，使得湖水大量排出，湖泊水位逐渐降低，又因周围入湖河流带入的泥沙淤积，湖底不断抬高，湖面也在不断缩小。滇池周围的山地、丘台地及湖积平原在这一过程中依次露出，为人类在滇池周边的繁衍生息奉献了绝佳的场所。

滇池的形成，就是这样在长期的内外营力相互作用下，内力作用以间隙性不等量升降为主伴以断裂、褶皱，外力以流水侵蚀沉积为主，最终演变为今天的地貌格局。

（作者系昆明学院昆明滇池（湖泊）污染防治合作研究中心、滇池流域生态文化博物馆副教授）

滇池胜景　（杨志刚　摄）

滇池水域的变迁

文 / 方国瑜

（一）

滇池，在云贵高原是最大的湖泊，承受上游各河流域2866平方公里的来水，汇为巨浸，起着来水和泄水的调节作用。环湖农田和湖里水产以及湖面航运，自古以来被人们利用，对这地区的社会经济是很有关系的。这个湖的水位及容积，不断变化，即水位由高而低，容积由大而小，是由于自然的作用，也由于人工所造成。其变迁的情况，从遗迹及历史记载来考究，便可知其大概。

现在的滇池水域，南北约32公里，东西平均约10.5公里，湖岸线最大长度为180公里，水最深约8米，一般为2至5米，水位在海拔1886.1米时，面积约为330平方公里，水体积约为15.7亿公方（立方米），若水位在1884.3米时，水面积约为228平方公里，水体积约为10.2亿公方（立方米），其调节容量为5.5亿公方（立方米）。但历年水位和水体的变化幅度相当大。

滇池来水，一为接受降雨量，一为河水流入。在滇池地区，雨量最大年降雨达1547.5厘米，最小年降雨只562.7厘米，一般年平均雨量1070厘米。湖面每年受到的雨水，可以有2.64亿至3.15亿公方（立方米）。又流入滇池之水，最大者为盘龙江，较大者有宝象河、东白沙河、马料河、洛龙河、西白沙河、呈贡大河、梁王河、柴河、昆阳东大河诸水，尚有若干小河。各河流入滇池之水，每年有5.5亿至7.1亿公方（立方米），平均约为6亿公方（立方米）。故每年滇池接受之水约9亿公方（立方米）。这是一个重要的水利资源。

滇池去水，一为蒸发，一为流出。以蒸发量计算，每年水面蒸发约3亿公方（立方米），相当于湖面所受雨水被蒸发损失。又由海口河流出的水量，最大年有9.25亿公方（立方米），最小年只有2.95

1988年滇池　（资料）

亿公方（立方米），一般年份平均每年流出水量为 5.27 亿公方（立方米）。

以上所说滇池水域的容积，水利资源丰富，用于农田灌溉、繁殖水产、城市用水、排水以及水面航行，都可以发挥很大作用。

（二）

从自然情况来看，滇池水域是在不断变化的，这个断层湖的形成以及冲击海口河出水，不知经历了多少岁月，这要靠地质学家来调查研究。已有出水口，一年一度的雨季、旱季、水涨、水落，也不知多少年了。形成这样一个湖的局面以后，又在不断变化中。四面雨水冲刷泥沙流入，不断沉积在湖底。当大雨之后，在高空俯瞰，可以看到湖边缘呈现泥水荡漾之状，数日后澄清，泥土沉淀，经历年所，逐渐加厚，湖水也越来越浅了。又有十多条较大的河流常年带着泥沙冲积，在入口的两岸，逐渐增高，向湖里伸展，成三角洲，不断扩大，在五万分之一的地形图上，看得很清楚。所以，从自然演变来看，湖的面积和体积不断在缩减，终有沧海变为桑田之一日，这是自然的趋势；而所能讲的滇池二三千年的历史，以地理年代来说，只是短暂的年份，变化不是太大。

据可考的历史，古时滇池水面有多大呢？从遗迹来考察，在滇池西南到东南地区，分布着很多螺蛳壳堆，据解放后考古调查，在海口至官渡一带，发现有 14 处，这些是新石器时代文化遗址，螺蛳壳堆不是自然形成，而是人为的遗址。这些遗址，当时应在水滨，现在已离湖岸 1 至 5 公里，因为滇池水面退缩了。（据《史记·西南夷传》《后汉书·西南夷滇王传》《华阳国志》卷十《文齐传》）等文献）从很古时期延续至公元 13 世纪中叶，滇池水面保持原来情况，没有多大改变。

到元代初年，滇池水面退缩，在官渡筑宝象河堤，后来堤身继续延伸至 5 公里入滇池，虽然官渡地名未改，已不是湖边的渡头了。远古以来，官渡地滨滇池，直到 13 世纪中叶以后才改变。

据明万历年间许伯衡撰《海口记》看，昆阳城垣以东一片，古为滇池水域，后才变为陆地。

据以上所说几处的地势（及海拔标高的变化），可推测滇池古水位海拔约 1889 米，到 13 世纪中叶以后，水位降低，才露出大片农田。

《元史·张立道传》说："昆明池环五百里，夏潦暴至，必冒城郭。"《晋宁州志》卷五《水利志》说："滇池之水，唐、宋以前，不惟沿池数万亩膏腴之壤，尽没于洪波巨浪之中，即城郭人民俱有旦夕之患。"一年一度洪流泛滥，池旁居民受害，唐、宋以前的事虽不见记录，是可以想象得到的。

（三）

第一次降低滇池水位的工程，是在 13 世纪 70 年代。《元史·张立道传》说："立道求泉源所自出，役丁夫二千治之，泄其水，得壤地万余顷（一百余万亩），皆为良田。"所谓池口塞，求所自出，泄其水，就是疏浚海口河，排水出口，降低滇池水位的工程，有 2 千民工开挖了 3 年才完成。其具体施工过程，不详于记录，惟推测：此次工程，挖低由海口至平地哨约 10 公里的河床，到石龙坝跌水，其河床高于现在的高度，可能比原有的河床挖低约 3 米，湖水畅流排出，湖面下降，环湖露出被淹没在水域的有 10 万亩以上农田；说"万余顷"，是夸大的。

经此次大工程后，改变了自古以来滇池水位，开辟大量农田。但海口河两岸高山，水流平缓，常年受泥沙淤积，还有几条子河，冲刷山谷砂石，落入河身，使部分河床逐渐加高，滇池水位也提高，环湖农田又被水淹。所以，后来常有疏浚的工程，多见于记载。

元代疏浚海口河，滇池水位已降落，但比现在要高。王昇撰《滇池赋》说："千艘蚁聚于云津，万舶蜂屯于城垠，致川陆之百物，富昆明之众民。"据此说，当时滇池大船航运达云津为渡头，在城垣边。按：

今犹有云津街地名，在得胜桥旁。今之得胜桥亦名云津桥，出南门约一里。元代昆明城东垣，沿盘龙江至今巡津街以下，故今得胜桥，元代在城门外百步。云津街在江东岸，为大码头，繁盛之区，“云津夜市”为昆明八景之一。元时以云津为码头，在附近今犹有鱼课司地名，即因在码头收鱼课。常年航运可达云津，因滇池水位比现在高，仅此一点，可概其余也。

明代疏浚海口河泄水的工程，《明史·沐英传》说：“滇池隘，浚而广之，无复水患。”这是在洪武十九年（公元1386年）布置屯田时的工程；而海口河冲积泥沙，要经常疏通，不是一劳永逸。明代最大的一次工程，是在公元16世纪初年。据正德《云南志》卷二说：“滇池为云南巨浸，每夏秋水生，淋漫无际，池旁之田，岁袯其害。”弘治十四年（公元1501年）巡抚陈金役军、民夫卒数万，浚其泄处。遇石则焚而凿之（当是用炸药爆破），于是池水顿落数丈，得池旁腴田数千顷，夷、汉利之。这时，距元初疏浚海口河已200多年。因淤积泥沙乱石，河床增高，阻塞滇池泄水，淹没环湖农田，又发动一次开挖的大工程。有程金撰《海口碑记》详载其事，据碑记说：是役，微发军、民役夫二万有奇，先设障水坝于海口以绝流，分段施工，青鱼滩、黄泥滩、黄牛咀、平地哨、白塔村诸处，凡澜水乱石悉平治之，挖低河床以一丈五尺为准，又在河岸筑旱坝十五座，以防两山泥石冲入。从壬戌（公元1502年）正月十五日兴工，至三月十六日完工，拆障水坝，水得就下，不数月，浸没之田尽出也。并且考虑将来又复淤塞，为久远计，规定大修、岁修条例，于每年冬令责成昆明、呈贡、晋宁、昆阳四州县分段疏通，一年小修，三年大修。杨慎与巡按赵剑门（炳然）《论修海口书》等都有记录。

明代很多次疏浚海口河，滇池之水不至洪流淋漫，但汛期水发，仍有泥滥之虞，环湖农田还不十分稳固。

清代疏浚海口河的工程，见于志书记载的较多，在康熙二十一年(1682年)至道光十六年(1836年)间的十余个年份都经过大修，其中雍正九年的一次工程，把埂塞在海口河中的牛舌滩、牛舌洲和老埂挖掉，使河水得以直泄（详见鄂尔泰《修浚海口六河疏》）。并且增订岁修条例，把正河、子河的疏浚，分配给环湖的昆明、呈贡、晋宁、昆阳四州县农民，划地施工，照界完成（详文载《昆阳州志》卷六，《晋宁州志》卷五）。又设有云南府水利同知驻会城，昆阳州水利州判驻海口，专管征派民役，督促施工，成为农民沉重负担。

清代设专官督修海口河及坝区六河（盘龙江、金汁河、银汁河、宝象河、海源河、马料河及交错支河），其河道及涵闸整修，都有规定（清雍正年间储粮道黄士杰撰《六河总分图说》）。历年修浚，多见记录，惟洪流为害，也是常有的。

从元初直到解放前的600百多年中，经过不少次疏通海口河，逐渐改变滇池水域的面貌，露出10万亩以上的农田，并且加以稳固，全是劳动人民的伟绩，见于记载的碑记、史志所说，则为统治者表功，说是“为民兴利”“惠及于民”“以苏民困”“忧民之忧、利民之利”一类的话，则大谬不然。当时官府兴办水利，有利于农业生产，兴利除害，收到效果。但其意图，乃为统治利益服务。并且新辟的农田，大都被地主阶级权贵霸占。杨慎与赵剑门（炳然）《论修海口书》，揭发弘治年间以来的工程，露出良田，被官僚地主分赃，占为永业，而人民则被征派服役，财罄力殚，因劳悴瘟疫致死者无数，遭到严重灾难，并且所有董事之官、督工之卒，无不获利自肥，不以事业为重。所见到的几块海口河碑记，列举官职姓名，都有数十人，说在事出谋效劳，称赞一番，而所谓工役的辛勤劳动，则一字不提。其实，在很长时期，为海口河岁修、大修，成为环湖农民的沉重负担，怨声载道。

注：本文节选自《方国瑜文集·第三辑》（云南教育出版社2003年出版）

方国瑜（1903年～1983年），字瑞丞，纳西族，教授，当代著名社会科学家、教育家，九三学社成员。

张士廉《滇池八景》之“云津夜市”

张士廉《滇池八景》之“商山樵唱”

滇池流域题名景观文化

文／钱春萍

从唐宋时代开始，中国传统文化中就注重将景观设计营造得富有诗情画意，以体现人与自然的和谐共处。比如以四字“景目”图写自然景观，从而衍化为人文景观的特定文化传统延续至今，西湖就是其杰出的见证。并且，其中的“西湖十景”题名景观成为支撑西湖成功申报“世界文化遗产”的核心价值文化。

张士廉《滇池八景》之“坝桥烟柳”

张士廉《滇池八景》之“官渡渔灯”

张士廉《滇池八景》之“螺峰叠翠”

张士廉《滇池八景》之“龙泉古梅”

在云南，民众的迁徙，文化的交融，历代文人墨客、官员乡绅也为滇池流域留下了具有高原城湖空间特征的题名景观文化。

郑和的老乡，元代晋宁人、白族诗人王昇在《滇池赋》中“览黔南之胜概，指八景之陈踪”：“碧鸡峭拔而岌嶪，金马逶迤而玲珑。玉案峨峨而耸翠，商山隐隐而攒穹。五华钟造化之秀，三市当闾阎之冲。双塔挺擎天之势，一桥横贯日之虹。千艘蚁聚于云津，万舶蜂屯于城垠。”王昇泛舟滇池，游华亭，登太华，览胜而赋。在诸多名胜中，赞美了碧鸡、金马、玉案、商山、五华几座昆明的名山，描绘了当时昆明的地标性建筑东寺塔、西寺塔的壮美，以及云津渡口和周边街市的繁华，后人称之为“元代昆明八景”。

明洪武年间谪居昆明的外来和尚机先（日本僧人）另辟蹊径吟唱了《滇阳六景》：滇池夜月、碧鸡秋色、玉案晴岚、螺峰拥翠、龙池跃金、金马朝晖。和“元代昆明八景”不同的是，滇池不再是“八景”的背景板，也不仅仅是提供渔获的生产场所，成了人们的休闲赏景胜地。螺峰山（圆通山）、九龙池（翠湖）首次入景。

给滇池流域题名景观“立此存照”的是清代平民画家张士廉，他效仿南宋马远画西湖“十景图”之举绘“八景图”，当时有人题了“八景诗”，使其成为集诗书画于一体的“昆明八景”，也让我们得以窥见今天已经消失了的一些昆明胜景。

张士廉所画的“八景”是：滇池夜月、云津夜市、螺峰叠翠、商山樵唱、龙泉古梅、官渡渔灯、坝桥烟柳、蛊山倒影。“八景图”既有“月圆市声哗（云津夜市）、篝火醉清樽（官渡渔灯）”的市井热闹，也有“担荷月黄昏（商山樵唱）”的乡居生活，还通过“坝桥烟柳”和“蛊山倒影”反映人们的休闲生活。西坝河是玉带河的分支，为防滇池水患，明初于河上筑土坝，因名西坝河。时人沿河种植柳树，暮春时节，柳丝拂岸，随风摇曳，风景如画。昆明人仿唐人长安折柳送别亲友的“灞桥”而命之为“坝桥烟柳”。历史上五百里滇池紧靠长虫山边，长虫山有如蜿蜒的长蛇盘踞在昆明北边，“蛊山（长虫山）倒映”描绘的是长虫山倒映在当时棕树营一带的菱角塘水中的美丽倩影。

为景观题名之风也蔓延到昆明所属的官渡、呈贡

张士廉《滇池八景》之“滇池月夜”

张士廉《滇池八景》之“蚩山倒影”

各地。

官渡八景是：古渡渔灯、螺峰叠翠、云台月照、杏圃牧羊、凌云烟缭、滇南草坪、金刚夜语、笔写苍穹。

官渡八景基本围绕在今官渡古镇周边。需要说明的是，“螺峰叠翠”景观中的螺蜂山在官渡区尚义村东面，占地 30 余亩，纯系螺蛳壳堆积而成。

呈贡十六景之“贡八景”的第一景“彩洞奇鱼”，在今新册村东北石崖下白龙潭山，距龙城约 6.5 公里；第二景“碧潭异石”，在今新册村东北石崖下黑龙潭；第三景“河洲月渚”，在今龙城镇南门龙市桥西一凸滩上；第四景“渔浦星灯”，在今龙城镇西南 4 公里滇池之滨的乌龙浦村西七星山；第五景“龙山花坞”，在今龙街龙翔山至龙山一带；第六景“凤岭松峦”，在今龙城北三台山；第七景“梁峰兆雨”，在今梁王山山顶；第八景“海潮夕照”，在龙城南二里江尾村，因海潮寺而得名。

呈贡十六景之“化八景”的第一景“安江春水”，在今晋宁安江村；第二景“渔浦寒泉”，在今呈贡小海晏村东界次山后；第三景“芳塘翠柳”，在今晋宁富有村；第四景“古阁悬崖”，在今呈贡吴家营乡刘家营村旁西北大尖山陡石崖旁；第五景“白云兆雨”，在今梁王山腰白云寺；第六景“罗藏秋色”，在今梁王山，梁王山主峰，原名罗藏山；第七景“丽谯暮鼓”，在呈贡归化城南门；原南门楼称“丽谯楼”，报时辰，故以景名之；第八景“遍照晨钟”，在呈贡归化城万寿寺。

元朝以后翠湖脱离滇池水域成为城市湖泊，水浅时老百姓在湖里种上莲藕、茭瓜等水生蔬菜，于是就叫做了“菜海子”；湖东北有“九泉所出，汇而成池”，故又名“九龙池”。1883 年，著名学者陈荣昌先生写下了《九龙池八景》，在第二首《秋窗夜月》中他第一个把“菜海子”“九龙池”改称为“翠湖”：“不住翠湖畔，其如良夜何。”从此翠湖便成为昆明的一张文化名片，至今熠熠生辉。

九龙池八景是：春树晓莺、秋窗夜月、精舍书声、酒楼灯影、柳营洗马、莲寺观鱼、绿杨息阴、翠荷听雨。

（作者系昆明学院昆明滇池（湖泊）污染合作研究中心 、滇池流域生态文化博物馆主任，本文图片由作者提供）

王昇《滇池赋》里的元代昆明八景

滇池晨曲　（杨志刚　摄）

文 / 熊玲

昆明风景名胜的开发建设，据载始于唐代南诏时期。南诏建设拓东城，先后在螺峰山麓“即岩而寺，曰补陀罗”，在五华山上营建五华楼，在城南建东寺、西寺及寺中双塔。按历史上“金精神马、缥碧之鸡”的传说，昆明城东郊的山峦为金马山，称滇池西岸的山系为碧鸡山（即西山），在两山之麓皆建起神祠。在北郊商山也建起神庙。宋代大理国时期，在金汁河东岸建地藏寺及寺内经幢，在安宁龙山建曹溪寺，在西山华亭峰竖楼台。到元代，在西山建华亭寺、太华寺、梁王避暑台，玉案山建筇竹寺，螺峰山补陀罗寺旧址建成圆通寺，五华山建五华寺。在盘龙江云津堤上架起大德桥（又称云津桥），“覆以层宇，翼以栏楯”，云津成为货物集散的水陆码头。今金碧路、三市街一带，形成市井繁华、人烟辐辏的街区。

随着昆明历史上城市化进程的加快，经过几个朝代的经营，昆明出现了更多的风景名胜。“昆明八景”之称谓，源远流长，可追溯到唐代南诏时期，近至明清时代，但“昆明八景”所关注的景象因时代不同，有着较大差异。

元代，居住于昆明的白族诗人王昇（1284 年～ 1353 年），因其作为云南最早以辞赋写滇池的作者而著称。今保存完整的《滇池赋》，写景抒情俱佳。全文 400 余字，作者对家乡的挚爱之情力透纸背。巧的是，王昇的《滇池赋》中也描写了昆明的多处风景，是系统描写昆明风景名胜较早的作品，后人便将王昇诗中提到的碧鸡、金马、玉案、商山、五华、三市、双塔、一桥归纳为“元代昆明八景”。

王昇当年游华亭，登太华，览胜概，在诸多名胜中，通过《滇池赋》赞美了其中八景，描摹了高原明珠昆明极具代表性的多个美好画境（选载）：

探华亭之幽趣，登太华之层峰，

览黔南之胜概，指八景之陈踪：

碧鸡峭拔而岌嶪，金马逶迤而玲珑。

玉案峨峨而耸翠，商山隐隐而攒穹。

五华钟造化之秀，三市当闾阎之冲。

双塔挺擎天之势，一桥横贯日之虹。

千艘蚁聚于云津，万舶蜂屯于城垠。

致川陆之百物，富昆明之众民。

《滇池赋》一问世，便以其优美文字、工整对仗和谨严辙韵轰动文坛，清朝孙髯翁《大观楼长联》之“东骧神骏，西翥灵仪，北走蜿蜒，南翔缟素”，隐约可见王昇《滇池赋》之中列数句的影子，显现出孙髯翁对这位元代先贤的敬意和传承。

到了明清时期，昆明八景内容被大幅度“刷新”，几乎完全改写了元代王昇版的八景。分别为：滇池夜月、云津夜市、螺峰叠翠、商山樵唱、龙泉古梅、官渡渔灯、灞桥烟柳、蛩山倒影。有诗为证——

一 滇池夜月

揽尽昆池胜，登临壮大观。

楼台秋瑟瑟，烟水夜漫漫。

山转帆千片，波灯月一丸。

凭栏思汉武，豪饮酒杯宽。

二 云津夜市

云津桥上望，灯火万千家。

问夜人沽酒，寻店客系槎。

城遥更漏尽，月圆市声哗。

破晓阑游兴，疏钟传太华。

三 螺峰叠翠

好山负城郭，螺髻拥千重。

青霭松崖合，绿云芝径封。

鹤来寻大隐，蝶走膝仙踪。

凉翠侵衣袂，登高一倚筇。

四 商山樵唱

担荷月黄昏，商山古寺门。

唱残樵夫曲，惊起玉人魂。

旧路回头认，新腔信口翻。

莫嗤嘲哳调，渔笛又孤村。

五 龙泉古梅

阅世一千载，开花三两枝，

山空孤鹤泪。潭古老龙痴。

黑水欣留记，唐贤惜少诗。

漫谈天宝事，玉笛且横吹。

六 官渡渔灯

朝泛昆池艇，夜归官渡村。

鱼穿杨柳叶，灯隐荻花根。

浦远星沈影，江空月吐痕，

闲邀邻父饮，篝火醉清樽。

七 灞桥烟柳

古道灞桥柳，阴深过往多，

烟萦增妩媚，风洞舞婆娑，

碧乱离人意，丝牵游子哦，

眉愁心有愧，为听唱骊歌。

八 蛩山倒影

滇池五百里，北靠蛩山边，

日丽壁沉水，岚浮镜里天，

祇须风雨静，曾见琪瑶鲜，

成趣辉相映，图画无此妍。

从上述索引的不同朝代文人对“昆明八景”的记载，笔者感到文人们对“八景”的关注和看点似有所不同，也有些交叉关系，但无论古代高人韵士怎样看待“昆明八景”，昆明作为享誉中外的“春城”和首批国家级历史文化名城，拥有极其丰富、厚重、多样的文化积淀和风物特征，中原汉文化的长期浸润，周边国家外来文化的影响，多民族文化的交融，构成了昆明城滇文化多元交汇的鲜明特色。现今，像中国绝大多数城市一样，蓬勃兴起的经济建设将昆明置于日新月异的急速变化中，今非昔比，岂是古代“八景”能囊括的。

（作者系云南日报高级记者）

古代诗人眼中的滇池

文 / 温梁华

古代的滇池，今人已无复亲睹；唯当时之人曾见今日滇池古貌。故集古人写滇池诗、句，为今人展现一幅“古滇池图”，当有益于了解和研究滇池。

史载最早写滇池的诗，在元代初年。忽必烈时，一位叫郭松年的御史，奉使宦滇，到昆后，写了一首《题筇竹寺壁》：“南来作使驻征鞍，风景还惊人画看。梵宇云埋筇竹老，滇池霜浸碧鸡寒。兵威此日虽同轨，文德他年见舞干。北望乌台犹万里，几回挥泪惜凋残。”这位郭御史，遍历大半个中国，来到昆明，见了滇池，为如画般景色所惊叹，几回挥泪，更惋惜中原之凋残。

稍后，又一位中原人李京来云南任乌撒乌蒙道宣慰副使，写了一首《初到滇池》：“嫩寒初褪雨初晴，人逐东风马蹄轻。天际孤城烟外暗，云间双塔日边明。未谙习俗人争笑，乍听侏离我亦惊。珍重碧鸡山上月，相随万里更多情。”诗中“天际孤城烟外暗”一句，可窥见当时滇池之浩瀚，给李京的心理感受。

与李京同时的昆明人王昇（1284 年－ 1353 年），本为大理国贵族后裔，入元后任云南诸路儒学提举、曲靖宣慰副使。因系昆明人，对滇池情有独钟，曾写有《滇池赋》。

著名的阿盖公主，留下一首《愁愤诗》，亦写到滇池：“吾家住在雁门深，一片闲云到滇海。心悬明月照青天，青天不语今三载。黄蒿历乱巷山秋，误我一生踏里彩……”此诗重点在写身世、

20 世纪五六十年代的滇池　　（杨志刚　供图）

经历，间或以“一片闲云到滇海”写及滇池。

到明代，描写、称颂滇池的诗，越来越多。作者有云南人，有中原来滇作官或出使者，还有来自日本的僧人。

浙江人平显，曾任广西藤县县令，洪武年间亦先被降职，旋谪戍云南。到云南后再被“除籍”，遂以教书为生。平显的诗，写到滇池的较多，其中一首《忆滇春》中就提到滇池：“记得赋诗滇海上，砚池影蘸碧鸡天。”

日本僧人机先的一首《滇池夜月》，仿佛是为平显“赋诗滇海上”所作的细写：“滇池有客夜乘舟，渺渺金波接素秋。白月随人相上下，青天在水与沉浮。遥伶谢客沧州起，更爱苏仙赤壁游。坐倚蓬窗吟到晓，不知身尚在南州。”诗中对滇池月夜的描绘，对乘舟夜浮滇海的感慨，把来自海外的日本僧人身居云南的心态表现得恰到好处。机先在昆明住了很久，写了许多诗，以《滇阳六景》最有名，《滇池夜月》即其四。六景中写到滇池的，还有《碧鸡秋色》。

昆明布衣郭文，是杨慎称道的诗人。郭文写滇池的诗也很多且佳。如《登太华蓝若》：“夕阳满秋山，余景落滇水。舍舟事幽探，路人泉声里。风传隔树钟，叶响登山屐。嗟我久红尘，游赏从兹始。”

在名人中，写滇池最多的，要数杨慎。最著名的是他的《滇海曲》十二首，兹举直接写到滇池的几首：“梁王阁榭水中央，乌鹊双星带五汉。跨海虹桥三十里，广寒宫殿夜飘香。”跨海虹桥三十里，指古海埂。此外，杨慎还有许多诗写到滇池，如《春望》之一：“滇海风多不起沙，汀州新绿偏天涯。采芒亦有江南意，十里春波远泛花。”

曾于隆庆年间来云南任巡抚的长安人邹应龙，来昆后为滇池风光所陶醉，其《太华寺次韵》诗云：“山僧遥住白云限，为问何年卓锡来？尘世几人趋凡界，仙郎谩自话天台。渔舟隐见鸥千点，昆海微茫水一杯。六诏风烟时在目，太平文物共徘徊。”

保山人闪应雷，明中叶岁贡，有《高嶢登舟》，堪称写滇池秋景之佳作：“湖光三百里，一棹界中流。碧汉衔波动，青山拍镜浮。苇烟迷鹭渚，篙月挂鱼舟。不待逢摇落，萧萧六月秋。”

著名的担当和尚也有描写滇池的诗，如《昆明曲》：“昆明池小可容舟，划地休轻水一泼。西望已辜炎汉想，南来空忆腐迁游。百蛮洗甲星俱动，万马投鞭月不流。莫道两关终外域，旌旗千古指神州。”此诗借滇池喻云南，重在从政治上强调云南之重要。另一首《滇曲》，则轻快明丽：“道人滇南迥不同，一年天气半西风。杜鹃声里春犹浅，吹遍人家落叶红。”写昆明四季如春的景色，如在目前。

晋宁人黄麟趾的《深秋泛舟还里》，是一幅滇池秋色小品，极有韵致：“秋雨江头晚，扁舟兴独赊。凉飘期候雁，返照带归鸦。霜浦江将暗，烟村翠尚遮。停桡看不尽，鱼水映蒹葭。”

写滇池的诗，在明代达到了高峰，无论写景、抒怀、咏史，都有佳作名篇。入清后，写滇池的诗自然还跳不出这个套子。尽管如此，诗终因人而异，写来又同中有异，列出亦琳琅满目。比如清初昆明人徐准慧的一首《李又召游昆明池分韵，得观字》：“今年秋水满，极目海天宽。一棹泛仙侣，兹游真大观。村浮孤屿远，山向夕阳寒。人夜疏钟起，沧州兴未阑。”

康熙间秀才、昆明人傅之诚的《泛昆池》，格调又不同：“好趁南风便，昆池泛小船。云移山寺雨，树豁海门天。太华空青矗，高嶢积翠连。闲看鸥娇翼，浩荡没长烟。”

安宁人段昕，康熙三十九年（1700年）进士，被钱南园誉为“卓然一大宗”的诗人。他写滇池的诗中，有《昆明湖秋涛和韵》二首，其一云：“高秋云树人空濛，万里南溟一气通。渔碛炊烟新秫熟，江天晴日晚潮红。汉家楼橹撑鲸浪，帝女机丝织海风。我望美人停桂棹，洞箫谁和月明中。”

进士赵士英（昆明人）的两首诗，写滇池也不同凡响。其一《海宝寺次杨升庵先生韵》：“侧身云际眺三州，怀古深寻得胜游。才子新诗谁作碣，夕阳蓑草已无楼。天涵水镜空中色，船借风樯夜半流。醉眼频开飞逸兴，蓬莱图画不须求。”其二《太华绝句》：“云髻高梳碧落天，半规明月似初弦。就中色相皆空有，惟见昆明一点烟。”

康熙年间僧人性宽，写滇池写得意境开阔，令人神往：“振衣直上翠微巅，万壑千峰到眼前。郁郁山岚晴似雨，茫茫海气暮涵烟。城楼隐约寒云外，村舍依稀夕照边。危坐松根不知倦，梵钟响彻狖寥天。”

写滇池，孙髯翁是名传海内外的第一大家，其《大观楼长联》被誉为“天下第一联”。同时，他也写过其他有关大观楼和滇池的诗，兹举一首。《大观楼》：“月光拨作海门潮，屋涌椒兰水可掬。半夜神灯波上走，三春画桨镜中摇。笔床茶灶宜青草，酒市溪村接板桥。听唱竹枝来山渚，碎看塔影忽双漂。”此诗重在写景，然心境亦在情中。

大名鼎鼎的钱沣，诗多，写滇池的也多。大家之作，另有气势。如《季弟沆同赴晋宁》：“桂席盘江层，西山一抹横。风波无定准，星月独分明。浩荡怜生事，扶持见汝情。同舟寂不语，应恐夜龙惊。”可见一斑。又如《宿太华寺》：“半壁苍烟拥薜萝，江禽啼处晚船过。树交危蹬盘青霭，天纵飞楼纳白波。夜不分明花气冷，春将狼藉雨声多。愁中不暇耽幽兴，佳山佳水奈尔何！”钱沣还有一首长诗《近华浦》，写沐氏西园，写昆明滇池，淡雅平易，自然流畅。

名家师范（赵州人，乾隆间举人）的小诗《见会城》，写出一个耀眼的滇池：“一片昆池水，盈盈照眼来。人烟双塔晓，殿阁五华开。尚想平蛮事，谁怜作赋才。十三年外事，踪跡付尘埃。”另一首《雨宿碧鸡关》也有此味：“烟树层层望欲迷，海光清映白玻璃。土人标榜寻常事，便遣王褒祀碧鸡！”师范还有一首写滇池特产金钱鱼的诗，可资了解滇池，亦录于此，诗题即《昆明池金钱鱼》：“欲泛昆明海，先问金钱洞。洞水深且甘，嘉鱼果谁纵。罟师向予言：秋风昨夜动。内腴体外热，衔尾游石空。或应上官需，或诣高门送。产非太僻远，拟向天庭贡。”

呈贡人汤铭的《舟渡昆池抵高峣》，另是一番情调：“秋涨仍无减，舟行趁晚凉。虚弦惊落雁，击楫起飞鸽。烟树连天碧，汀花夹岸香。疏钟声未断，灯火出渔庄。”

将古人诗中写滇池、与滇池有关的句、段集一文，自知殊非易事。下笔以来，一鼓作气，先后数日方成此稿，洋洋洒洒上万言，借清人诗句，真正“使我读之神茫茫。神茫茫转思长，彩云一片是吾乡”。故自觉十分欣慰。虽有遗漏，而古人咏滇池诗，已大体备焉。

（摘选自云南科技出版社2008年出版的《昆明历史文化》）

瑞雪照大观　　（杨志刚　摄）

抗战时期文人笔下的滇池

滇池渔夫（1940 年）　　（资料）

文 / 陈约红

滇池，这个云南高原上的“大海”，昆明人的母亲湖，是美的化身，是诗的源泉，是古往今来历代文人吟诵、赞誉的美好境地。

抗战时期，文人笔下的滇池，则是在对自然之美的赞颂中，更增添了一份深深的家国情怀。

1937 年抗日战争爆发后，清华、北大、南开 3 所大学南迁长沙，组建长沙临时大学。很快，迫于战事愈烈，临时大学继续南行，迁往昆明，于 1938 年 5 月 4 日，在昆明组建了国立西南联合大学。

随后，中山、中法、同济、华中等大学和一些著名学术研究机构也迁来云南。

那时的昆明，30 多条河流穿城而过，汇入滇池。花湖草海，白帆片片、渔歌悠扬……一座春光明媚，水波晶莹的边地古城，以宁静，以美好，以温暖，拥抱了那些饱受战火磨难的文化人，抚慰了他们久涸焦灼的心灵，使他们在国破心碎的时候看到了希望之光。

而他们的到来，也如一股洪流，在昆明的春色中，在滇池的湖光中，更增添了一笔重彩——

就在西南联大开课不久，日本侵略军加紧了对中国后方的侵袭，日本飞机不断对长江以南狂轰滥炸，昆明也频繁遭遇日军空袭，越来越不安全。市民们纷纷扶老携幼，到郊区躲避空难。西南联大许多教授、学者、学生也相继疏散到昆明郊区。冰心、费孝通、沈从文等著名的专家、教授也从昆明城内搬到了滇池边的呈贡。

呈贡位于昆明东郊，是有名的鱼米之乡，这里盛产稻谷鲜鱼鲜花蔬菜水果，其宝珠梨更是远近闻名。

学者教授们的到来，令当时的呈贡中学校长昌景光先生喜出望外，立即不失时机地办起了呈贡一中的第一个高中班，聘请这些文化精英任教。这一时期的呈贡，正是有了这批文化名人的到来，文气蓬勃，文风盎然，成就了呈贡文化史上一个令人瞻目的灿烂时代。

冰心一家开初住在一户农民家，屋后就是一片梨园。后又搬到三台山上，斗南村华家守墓的房屋“华氏墓庐”，冰心非常喜爱这个滇池边的寓所，取谐音“墓庐”为“默庐”，并著文《默庐试笔》，说：“我现在真不必苦恋着北平，呈贡山居的环境，实在比北平山郊的环境还静，还美……回溯平生郊外的住宅，无论长短居住，恐怕是默庐最惬心意……”

“我的寓所，后窗朝西，书案便设在窗下，只在窗下，呈贡八景，已可见其三，北望是‘凤岭松峦’，前望是‘海潮夕照’，南望是‘渔浦星灯’。”

面对浩瀚的滇池，冰心先生为呈贡中学写下了鼓舞人心的歌词：“西山苍苍滇海长，绿原上面是家乡，师生济济聚一堂，切磋弦诵乐未央。谨信弘毅校训莫忘，来日正艰难，任重道又远，努力奋发自强，为己造福，为民增光。”

而费孝通教授则搬到了呈贡古城村中的魁星阁，并将这里做了云南大学社会系研究室，和副研究员史国衡、沈如瑜等人，在魁星阁一住就是6年，在滇池边写出了著名学术文献《云南三村》。魁阁因而被作为记载抗战时期我国大专院校从内地被迫辗转南迁昆明的史实，记载了费孝通等一批社会学专家学者在呈贡魁阁进行社会学研究，记载着贯穿了中国社会学研究的“魁阁精神”。

费孝通先生也留下了“远望滇池一片水，水明山秀是呈贡”的佳句。

著名学者，作家、教授沈从文先生，也应昌景光校长诚聘，到呈贡一中授课。

在一中清静校园一幢中式小楼里，沈从文和家人度过了一段清净单纯的日子，写下了大量文学著作，如《云南看云集》《云南的歌会》等，并改定了长篇小说《长河》（第一卷），创作了散文集《湘西》《绿魇》《黑魇》《在昆明的时候》……

他看到清澈照眼的滇池，他赞叹昆明“四时如春，滇池边山树又极可观，若由外人建设经营，二十年后恐将成为第二个日内瓦。与青岛比较，尚觉高过一筹。将来若滇缅车通，滇川车通，国际国内旅客，久住暂居，当视为东方一理想地方”。

在《昆明的云》里，他写道：“……我们若在黄昏前后，到城郊外一个小丘上去，或坐船在滇池中，看到这种云彩时，低下头来一定会轻轻的叹一口气。具体一点将发生‘大好河山’感想，抽象一点将发生‘逝者如斯’感想……”“它启示我们要有崇高的情感，去追求美丽而伟大的目标，不要甘心堕落，在国家危难时，更要挺直腰板，抗战到底。”

滇池，闪耀在汪曾祺先生的《昆明的雨》里：“昆明以外，最远只到过呈贡，还有滇池边一片沙滩极美、柳树浓密的叫做斗南村的地方，连富民都没有去过。”

闪耀在林徽因的《昆明即景》里：“昆明永远是那样美，不论是晴天还是下雨，我窗外的景色在雪雨前后显得特别动人……”

闪耀在老舍的《滇行短记》里：“在城市附近，有这么一片水，真使人狂喜。湖上可以划船，还有鲜鱼吃。在湖边看水，天上白云，远处青山，眼前是一湖秋水，使人连诗也懒得作了。”“大观楼前，稻穗黄，芦花已白，田坝边偶尔还有几穗凤眼兰。远处，万顷碧波，缓动着风帆……”

闪耀在查阜西的《旅滇笔记》里：“循寺后鸟道登山至绝顶。其地岗峦起伏，浅草平铺，有古柏数株，点缀其间。西望则碧波万顷，沙鸥点点翻飞，怡然自得，渔舟三五，皆俯视所见也……”

文学家，诗人教授朱自清，在来到昆明的第二天，便登上西山，流连于华亭寺、太华寺、三清阁，在龙门眺望滇池。为祖国的壮美山河惊赞不已。正是对滇池的惊艳，使他爱上昆明，甚至学会了昆明话。

在大观楼附近，在巡津街、北门街、青云街；在滇池边的山邑村、碧鸡关、安江村，普吉村；在滇池之源，盘龙江上游的岗头村、龙泉古镇；在螺峰街、跑马山……

滇池、西山，甚至成了抗日空军飞虎队的天然识别标志。

在滇池怀抱的各个角落，无一不留下众多名师大家们的足印。

正是在滇池的庇佑下，中国的文化血脉得以延续壮大，大师们完成了一系列奠基性论著。

可以说，抗战时期文人笔下的滇池，是祖国山河的缩影，是寄予乡愁的相思结。在对自然之美的赞叹中，无不寄托了对国家命运、民族前途的关切与忧虑，寄予了对抗战胜利、对未来中国的梦想与自信。

（作者系中国作家协会会员）

再现西南联大师生形象的雕塑（资料）

西南联大师生抵达昆明　（资料）

抗日时期昆明街头海报　（资料）

昆明海口林场周恩来雕塑（杨峥 摄）

周恩来总理与“高原明珠”滇池

文 / 张倩

海棠依旧在，不忘初心人。

冬日清晨，巡舰中国渔政 53109 号推开波浪，缓缓驶入滇池，薄雾笼罩的高原明珠渐渐揭开它神秘的面纱，一切变得开阔起来。成群的海鸥追在船后等待争抢我们投递的食物，身后万顷碧波，天空澈如蓝布，一线白云一带而过。远处海口林场，一片油橄榄郁郁葱葱。踏上滇池，不禁让我们想起一代伟人周恩来总理在云岭大地上的足迹和音容。

1920 年，年轻的周恩来到法国勤工俭学，在那里结识云南白族青年张伯简，建立了革命友谊，从此与云南结下了不解之缘。新中国成立后，周恩来总理因中缅勘界、出国访问等，曾 20 余次踏上云南，德宏、西双版纳、石林、安宁、海口等地留下过周总理的足迹，民族团结、边疆问题，经济发展、环境保护、橡胶种植、海口林场、取水照明等，一件又一件，曾让周总理操心，总理对云南的关心涉及群众生产生活的方方面面。云南人民忘不了他在这块土地上留下的欢声笑语和殷殷嘱托。

总理嘱托要保护好“高原明珠”滇池

20 世纪 50 年代初，面对清澈见底，水中藻荇交横，鱼虾可捉的湖水，周总理赞不绝口。他多次提醒云南的负责人：“滇池是高原明珠，一定好好保护，保护滇池首先要注意源头的污染，防污治污要及早抓，防患于未然。”1961 年，省委领导陪同周总理到安宁温泉，路上看到普坪村电厂和沿途水泥厂、造纸厂、螳螂川等的污染问题，他对陪同的时任云南省委第一书记阎红彦说：“要好好治理一下。”当天，阎红彦就请了相关负责人对如何治理污染问题进行专门研究。省政府当即成立了环保办公室。对滇池周围的电厂、水泥厂、纸厂、印染厂、针织厂、冶炼厂、化工厂和昆明钢铁厂等企业提出防污治污的要求，采取问责制，谁污染谁治理，不能先污染再治理。采取生物措施和物理措施治理，收到一定效果。

1972年7月，周恩来总理再次到云南视察，看到昆明滇池岸边喷吐浓烟的工厂时，他焦虑地对当时云南省的负责人说："昆明海拔这么高，滇池是掌上明珠，你们一定要保护好。发展工业要注意保护环境，不然污染了滇池，就会影响昆明市的建设。不解决废水、废气、废渣问题，要影响人的身体健康，一定要好好解决污染问题。"总理对滇池的喜爱以及治理环境污染的高瞻远瞩，促使"高原明珠"的环境污染问题得到高度重视，并指引当时的省级领导部门提出保护措施。

周总理和我们一起种植油橄榄

周总理不仅对滇池的环境问题作出重要指示，他还亲自带领大家在滇池海口植下一片绿荫。1964年3月，周总理结束了对锡兰等国的访问回到昆明，当了解到阿尔巴尼亚赠送的油橄榄马上要在云南试种，他十分高兴，热情接待阿尔巴尼亚的专家，并不辞辛劳驱车到40公里外的海口林场种植橄榄树。3月3日，偏僻沉寂的海口迎来一个最幸福的时刻，敬爱的周总理来了！参与种树的工人、学生兴高采烈，欢欣鼓舞。只见周总理拿起铁锹和阿尔巴尼亚专家一同植下一棵象征中阿两国人民友好的友谊树，两国领导人和人民间的深情厚谊凝结在了一起。周总理微笑着对在场的人说："栽得快当然很好，但多几天不要紧，首要的是保证质量，一定要按阿尔巴尼亚专家提出的要求和方法认真栽好。"总理的认真作风激励着大家，林场职工遵从总理的指示，像爱护孩子一样培育和管理油橄榄树苗。50多年过去了，油橄榄树依旧枝繁叶茂硕果累累。

今天，在巡舰中国渔政53109号上，我问巡舰上一个年轻的执法工作人员，经常环游滇池是什么感受，他羞怯但又非常诚恳地说："我们的母亲湖是那么宽阔，虽然没有大海的磅礴，但是它给我们昆明和周边城市的气候能带来调节！每次我们开着执法快艇巡查滇池，心里都会特别高兴，虽然现在滇池水不那么清澈，但水清那天一定会到来。而且保护滇池应该是每一个公民的责任。"

今天的滇池水已不复往昔的澄澈与明亮，但经过坚持不懈的努力，迎面扑来的湖水已经没有过往难闻的腥臭味，这是每个人嗅着迎面而来的滇池风，对滇池水变好的感受。为了周恩来总理的嘱托，为了滇池重现"高原明珠"的美丽，治理滇池污染，我们在路上，任重而道远。

（作者系《天雨流芳》丛书编辑部助理编辑）

滇池之韵（黄喆春 摄）

话说滇池

文 / 段跃庆

滇池是昆明的母亲湖，是因为昆明人的生命始于兹，历史始于兹，文化始于兹。说到昆明，滇池是一个永远绕不开的话题，因为昆明的文明故事没有一件与滇池无关。外地人到昆明，看滇池风光也是一道必选题，因为昆明《大观楼长联》中“五百里滇池奔来眼底”的意境天下无人不知、无人不晓。当然，滇池真正让人魂牵梦萦的是由其心底长出来的历史文化。

滇池是来自海底的湖泊，是云南最大的淡水湖泊，如一弯新月镶嵌在红土高原上，其北部由天然沙堤隔开，分外海和草海两部分。2亿年前，康滇古陆从海底升起，形成了高原，后受喜马拉雅山造山运动的影响，断层陷落，滇池湖泊横空出世。位于低纬度，使滇池有充足的阳光；地处高海拔，使它一年四季拥有清新凉爽的空气，被誉为昆明的“大空调”。北部有盘龙江、金汁河等数十条河流流入滇池，辗转到海口流入金沙江。滇池东有金马山，西有碧鸡山，北有蛇山，南有鹤山，形成天然屏障。自古以来，滇池及周围成为孕育生命与文化的摇篮。

滇池是孕育生命和文化的湖泊。水是生命的源泉，自古以来，地球上大江大河大湖周边多半是人类生命的起源地和文明发祥地，滇池也不例外。地质学家在呈贡龙潭山下发现了3万年前的“昆明人”化石，还发现巨貘、中国犀和其他动物的化石。大约1万年前，滇池边出现了新石器文化“贝丘遗址”，表明早在庄蹻入滇以前，昆明就出现了青铜文化。公元前280年，楚国大将庄蹻入滇，变服从其俗称王，建立了滇国，在滇池北岸修建了“庄蹻古城”和“苴兰城”，使青铜文化在原有的基础上得到不断升华。公元前109年，汉武帝派兵攻打西南夷，滇王入朝称臣，西汉在滇池边设益州郡，后改为建宁郡，东汉设永昌郡。隋朝在滇池边的碧鸡关下筑了昆州城。公元765年，南诏国王阁罗凤命长子凤伽异在滇池北岸筑拓东城，后称鄯阐城，成为南诏国的东都。公元1253年，忽必烈率10万大军灭大理国，次年在滇池畔设立“昆明二千户”，首次把“昆明”作为行政地名。公元1276年，在滇池地区设中庆路，开启了赛典赤治滇的历史，滇池边的昆明从此成为云

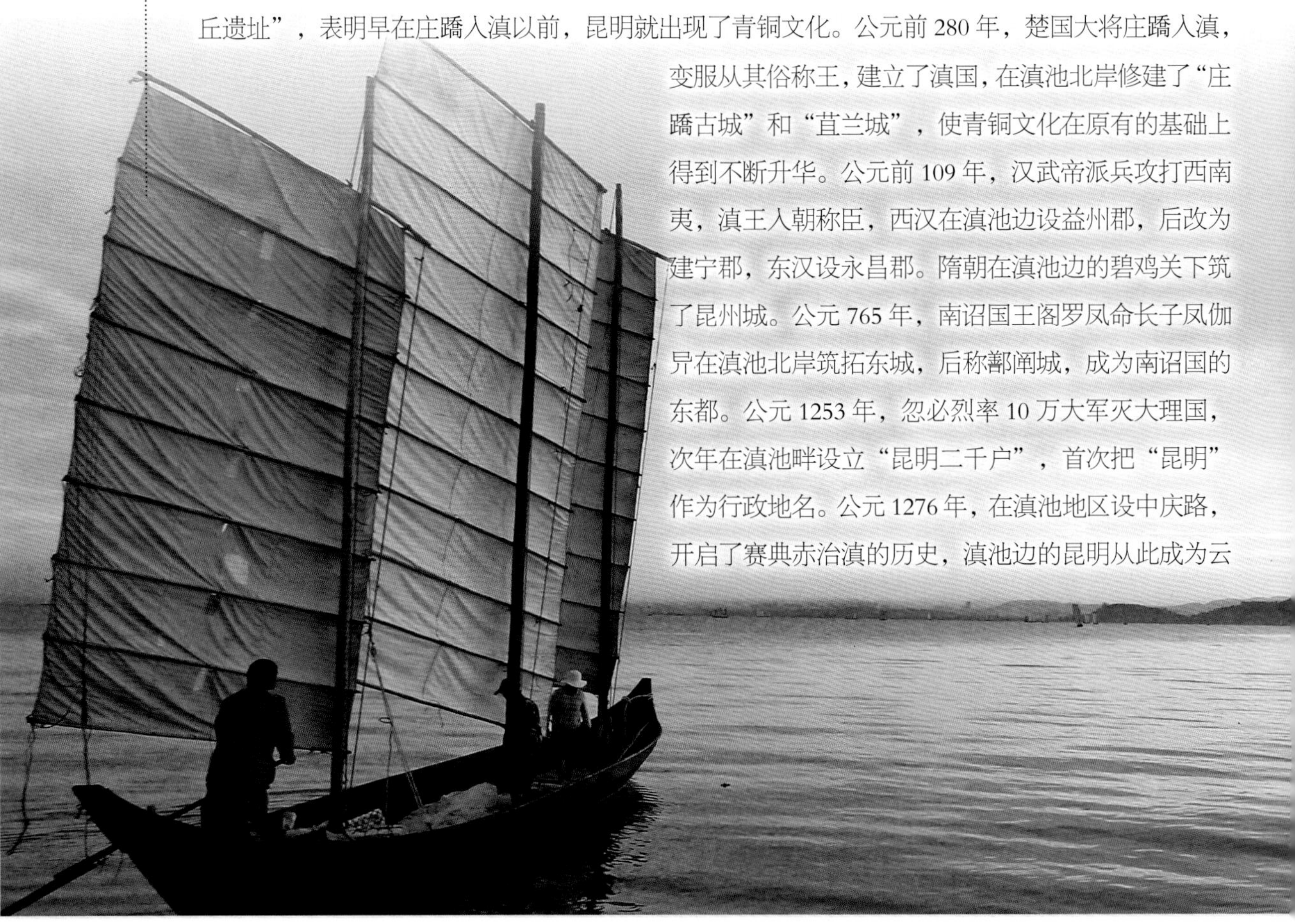

滇池扬帆

南省政治、经济、文化中心，历经元、明、清至今。自从滇池边3万年前发现人类文明以来，这块土地上曾上演了一幕幕波澜壮阔的历史活剧，从庄蹻入滇到平定吴三桂作乱，从南诏开东都到赛典赤治滇，从陆军讲武堂到西南联大，从重九起义到“一二一”运动，不断地抒写亮点纷呈、彪炳史册的光荣历史，一代代历史伟人为开拓祖国的大西南做出了不可磨灭的贡献。

滇池是一个充满诗情画意的湖泊。自古以来，无数的文人墨客徜徉于滇池的美丽风光和古老文明，借景抒情，寓情于景，围绕滇池的秀丽山川、民俗风情，写下了大量脍炙人口的佳作。元代王昇《滇池赋》云：“晋宁之北，中庆之阳，一碧千顷，渺渺茫茫。控滇阳而蘸西山，瞰龟城而吞盘江。阴风澄兮不惊，玻璃莹兮空明……此滇池气象之宏伟，难以言语而形容者也。”该赋描述了滇池大气磅礴、气象万千的画卷。元代郭孟昭《咏昆明池》诗曰：“昆池千顷浩冥濛，浴日滔天气量洪；倒映群峰来镜里，雄吞万派入胸中。”抒发了滇池浩渺无垠的平静、峰峦倒映的宁静和波涛汹涌的壮美。明代杨士云《雨后望西山有作》曰：“霁景初开爽气生，临风独立点峥嵘；芙蓉出水天边秀，翠黛修眉云外横。”所说的是雨后初晴，夕阳西下，滇池边上的西山这位睡美人仿佛出水芙蓉，伫立天边。明代平显《忆滇春》曰：“风花献媚熏青眼，雪素飞香点紫髯；记得赋诗滇海上，砚池影蘸碧鸡天。”描述诗人雪花打湿胡须，饮酒赋诗时，突然发现砚池里有碧鸡山倒影的美好情景。明代大文豪杨升庵《滇海曲》曰：“海滨龙市趁春畬，江曲渔村弄晚霞；孔雀行穿鹦鹉树，锦莺飞啄杜鹃花。”对滇池畔晚霞映衬下的渔村，鸟语花香的和谐场面进行了精彩描述。明代大旅行家徐霞客也不吝笔墨，大赞滇池：“四围山色，掩映重波间，青蒲偃水，高柳潆翠，天然绝境。”描写滇池最有气势、最具知名度和影响力的莫过于清代孙髯翁的《大观楼长联》：“五百里滇池奔来眼底，披襟岸帻，喜茫茫空阔无边。看东骧神骏，西翥灵仪，北走蜿蜒，南翔缟素。高人韵士，何妨选胜登临。趁蟹屿螺洲，梳裹就风鬟雾鬓；更苹天苇地，点缀些翠羽丹霞，莫辜负四围香稻，万顷晴沙，九夏芙蓉，三春杨柳……”全联180字，悬挂于大观楼，被誉为“海内第一长联”。《大观楼长联》描写滇池四周美丽风光，让一幅令人称绝的山水画跃然纸上，真可谓“一联名天下，一池天下名”。也有不少佚名诗人不吝赋作，讴歌滇池，如《昆明行记》云：“波光潋滟三千倾，莽莽群山抱古城；四季看花花不老，一江春月是昆明。”把空气清新、天高云淡、阳光明媚、四季花开的滇池说得淋漓尽致。

在社会高度繁荣发展的今天，唯愿大家像保护自己的生命一样保护好母亲湖，像珍惜自己的眼睛一样珍惜好母亲湖，让滇池成为文人骚客心中永远的圣湖，让滇池成为昆明人心中永远的母亲湖，为把以滇池为核心的昆明打造成世界知名的旅游胜地而同心协力。

2017年暖冬于滇池畔

（作者系云南省政协港澳台侨和外事委员会副主任）

（杨峥 摄）

滇池：昆明人的图腾

清新秀丽滇池畔　　（李俊桦　供图）

文 / 李俊桦

滇池，又名昆明湖，古时昆明人称它为滇南泽。它位于昆明城的西南方，北起松花坝，南至晋宁宝峰，东到呈贡王家营，西到今马街山脚。滇池是云南省面积最大的高原湖泊，也是中国第六大淡水湖，更是昆明城的一块瑰宝。多年以来，这块充足广阔的水源为昆明城提供了优秀的灌溉和便捷的航行，也在一定程度上保证了这座城市的繁荣。

2 亿年前由于地壳版块运动，滇池及其周边地区从海底升起，逐步隆升为高原，后来又由于受到了喜马拉雅造山运动的影响，断层陷落，这是滇池最初的原型，其水位比今天高出近百米。对于一个在温和的气候中成长起来的清澈湖泊来说，高海拔让它可以享有充足的阳光，且高原季风气候使它一年四季拥有清新凉爽的干净空气，它就像昆明的一个大空调，为城市增添着源源不断的生气。

在水文方面，滇池的北部有众多河流，包括了盘龙江、海源河、洛龙河、宝象河、金汁河、捞鱼河等，出水口在西南的海口，湖水辗转多次最终汇入到金沙江里。而在地形方面，滇池东有金马山、西有碧鸡山、南有鹤山、北有长虫山，它们形成了昆明坝子的天然屏障。若站在山上向滇池望去，水满盈野，荻苇蔽天，渔火隐隐，江空月明，与四面群山、重重朝案形成绝妙对景，犹如天造地设之佳境。

每当雨后初晴，夕阳时分，滇池边的睡美人山仿佛出水芙蓉，伫立在天边，而滇池像她修长的头发，在晴岚外若隐若现。轻风拂去了暑意，细雨涤去了尘埃。落日余晖里，白鹭悠闲地飞向天际，橘黄的云朵懒洋洋地爬在滇池的倒影中。眼前的景象，就像一幅清新秀丽的水彩画。难怪画家和诗人总想跨上仙鹤，飞上山头，一览滇池的美景。有趣的是，诗人和画家们笔下的滇池，往往有着别样的风情。新春时节，昆明城里高楼相连，城外村邑相望。一户户人家的屋子里弦歌不绝，其乐融融。饭后，出游的昆明人提着灯笼、举着火把向滇池边前进，灯火照亮了夜里的街道。湖畔的湿气打湿了他们的眉毛，欢乐的说笑与纵声歌唱久久围绕在滇池边。月光下，绽放的鲜花铺满岸旁，此情此景，又怎能不让诗人和画家们心旷神怡。对他们来说最为难忘的，莫过于泛舟滇池上，饮酒赋诗语，提笔施重彩，却看见池底满城花语的倒影。

滇池是昆明人心中故乡的图腾，正有这一汪柔情的池水，才能有水天相接，有清流炊饭清衣，有千帆往来。无论是昆明城还是昆明人，在回首往事的时候都是离不开滇池的。但凡谈起这座湖，人们便会陷入没完没了的怀旧中。不久前地质学家在呈贡龙潭山下发现了3万年前“昆明人”的颅骨化石，这说明昆明人与滇池的缘分或许从3万年前就开始了。春秋时期，古滇王国在滇池岸边兴起，美轮美奂的青铜器讲述了滇池最早的城市故事。滇人着无领的对襟外衣，以带束腰，叠发为髻，佩戴着玛瑙、绿松石和玉石的项链、耳环，腰间装饰着鎏金的、镶有孔雀石与玉石的青铜扣饰。他们耕作农田，住在干栏式的房屋里，奴隶们在女主人的监督下织布。

后来，南诏国王阁逻凤在巡游途中发现了这方宝地，便命儿子修筑拓东城，最早的昆明城就这样诞生了。伴随昆明城的诞生，滇池周边生活的人口也越来越多。南诏国时期整个滇池流域一带约有三万三千户。到了公元13世纪中叶，蒙古大军攻陷拓东城后，将云南首府从洱海边迁到了昆明。明洪武初年，沐英先后两次携江南、江西28万人众入滇，对昆明城进行了大规模扩建。清朝初年，清政府鼓励就业垦荒，道光年间的人口已比明末增加了10倍之多。

滇池是一座孕育生命的湖泊，它曾是昆明人夏天最大的快乐。对于在它身边生活的昆明人来说，它就像是温柔清丽的母亲。无论是四围香稻，万顷晴沙，还是九夏芙蓉，三春杨柳，在上了年纪的老昆明人心中，滇池畔就是最美的故乡。然而从1970年前后开始的滇池草海围海造田行动，致使十多万人夜以继日地填盖滇池，最终填平了草海3万多亩的湖面，这是一场令昆明人至今也难解心痛的往事。新填的土地并不能够耕作，而所谓的围海造田更似痴人说梦。这场肆意的填埋直接破坏了滇池的生态环境，给后人留下了巨大的灾难。

千百年来，滇池孕育着一代又一代的昆明人，可到了今天，这座母亲湖却成了昆明人心中难以言说的伤痛。滇池水质在政府的大力治理下得到了极大的恢复和提升，但治理滇池的道路还很长，或许要等到百年以后，滇池才能重现昨日的光芒。

（作者系云南金彩视界影业股份有限公司文学策划部版权运营经理）

空中“精灵”的第二故乡——滇池　（李俊桦　供图）

“向滇池要粮”：围海造田对滇池的负面影响

文 / 张伟

围海造田
（王克恩 摄）

盲目追寻温饱的愿景

时光流逝，许多往事会慢慢淡出记忆，回想起来纷乱不清。但年少时参加昆明“围海造田”的日子，虽已过去 47 年，留下的遗憾却依然历历在目。

我记得，当时的背景和动机是：国内正处于极“左”路线盛行的“文革”中，对外正掀起“反帝反修”的热潮。鉴于当时的国际形势，也为落实毛主席“备战备荒为人民”的指示，云南省革委会决定，在滇池“围海造田”，营造“良田万亩”，要让昆明逐步做到粮食自给。这一出发点无疑是可以理解的。只是没有经过周密思考以及多方科学的论证，就盲目仓促上阵，导致弄巧成拙，铸成一桩大规模破坏滇池环境的历史过错。

那个年代，那时的人看到的景象真叫“振奋人心”。到处红旗招展，人潮汹涌，一片热火朝天。抽干了水的滇池草海，四面都是广阔的黑色淤泥地。过去我们到海埂玩，海埂呈半岛状横亘于滇海中，往南观，烟波浩渺；往北望，草长莺飞，鱼虾成群。当时形成一种想法：垂钓戏水等“小资情调”的景观要改变，要把草海变成生产“战备粮”的良田，“革命”多么伟大呀！于是，隔一条新筑的石坝，留小半部分草海，湖面上千百艘木船、铁壳船，在对面的西山与这边的石坝间蜂拥穿梭，运来西山挖来的红土，填在黑淤泥上。看起来场面壮观，动人心魄，但私下我敢说，当时绝大多数昆明人对这片湖水的感情都很深。尽管人们对环境保护还没啥概念，但看着向碧波万顷的滇池倒进大量砂石泥土，看着母亲湖宽阔的水面在一点一点缩小，也会隐隐地感到遗憾。存在了千百万年的滇池，怎么说填就填了呢？昆明人真的缺这么一点粮食就饿肚子吗？

为了在滇池上围垦出“万亩良田”，省市领导把插秧机、收割机、拖拉机、进口化肥，一切被认为先进的生产物资都调到这个全省瞩目的“现代化”农场上，各路农业专家也都被调来指导生产。围海造出的两万亩田地被勉强全部利用。

那时还本着“当年围海，当年收益”的原则，这边在挑土填湖，那边已经开始种植第一季稻谷。人们幻想着，这里将是一片绿色沃野和百万吨金色稻谷。定下的生产目标是：“大小春亩产双千斤，鸡鸭成群鱼满塘，牛羊遍地猪满圈。”然而，事实与这愿景相差甚远，填出的水田中，有的是死沙地，有的是胶泥地，“下雨一包糟，干天火可烧”，根本不适宜种粮。事后证明，围海造田并没有收到预期的效果。围成的“田”，成了一片沼泽。又因土质过于肥沃，栽下的水稻秧苗长势虽好，但却几乎颗粒无收。被围垦出的7500亩耕地，属高度腐殖型土壤（可燃海煤），若不加红土壤改良，长草生虫都难。经改良又加施进口化肥的田地，最好的亩产仅54公斤，大多数稻穗、麦穗都是空壳。以后多年，包括复种和换种在内，新造的土地利用率仅为四成。从1970年至1982年的12年间，累计产粮407万公斤，不及当年围海造田大军用粮的四分之一。

难以弥补的后患

我们那几代昆明人激情万丈地去围海造田，奋战8个月向滇池要粮，造出“良田”3万多亩。后来听说官渡、西山、呈贡、晋宁等地也搞了小规模的围海造田。据有关史料载：围海造田共计缩减滇池水面3.5万亩，草海2万亩，外海1.5万亩。最近看马曜先生著的《云南简史》，说围海造田共使滇池水域面积缩小23.3平方公里，算下来应该差不多。又据《昆明市志》载：围海造田从1970年元旦开工，每天至少有10万人在往滇池里倾倒石头和泥土，经过筑堤、排水、填土造田三大“战役”，滇池柳堤的水很快就不见了，昆明八景之一的“坝桥烟柳”变成了一片光秃秃又乌黑的腐殖土地。除经济损失之外，还破坏了西山那森林茂密的山体、滇池沿岸和湖底的水生植物、鱼虾产卵的最佳环境，削弱了滇池湖水净化能力，加速了湖底老化过程。

过去，昆明人把滇池叫海。一条天然的海埂把它分为内海和外海。根据资料记载和老昆明人的描述，内海水不深，鱼虾成群，水草摇曳，植被占湖面的90%，因为海菜花繁茂有人称它为“花湖”。昆明人对于滇池有着特殊的情感，数千年来，滇池养育了一代又一代的昆明人。

实际上，早在1972年，周恩来总理就意识到了滇

围海造田誓师大会 （王克恩 摄）

池的污染，他曾对云南省的领导说：昆明海拔这么高，滇池是掌上明珠，你们一定要保护好。发展工业要注意保护环境，不然污染了滇池，就会影响昆明市的建设。据《昆明市志》记载："围海造田"这场滇池厄运历时近 3 年。1972 年 3 月，全国计划会议"一般不要围湖"的精神下达后，昆明滇池的围湖造田工程草草收尾。失去草海湿地的滇池很快验证了周恩来总理的担心，但是一切为时已晚。不出几年，滇池已经不再是湖岸平缓弯曲、海花飘香、苇丛密布、波光柳色、鱼跃鹭飞的壮美环境了。

在那个"火红的年代"，我们沉浸在"征服大自然"的激情中去围垦滇池，将曾经的沧海一点点地蚕食为"良田"。快 50 年过去，回望历史，令人伤感。滇池的内海——草海被围填去大半水域，导致滇池流域生态环境出现了一系列问题，犹如人体的双肾被切除了一个，由此很大地削弱了湖体生态自我修复和净化能力。加之城市的急速扩张，人口剧增，使越来越多的工业和生活污水排入盘龙江等入滇河流再汇入滇池。同时，由于人类的频繁活动，让滇池水域的污染加速，水体富营养化严重，蓝藻、水葫芦滋生蔓延，水质迅速恶化，还造成水资源严重短缺。

其实，一般湖泊都有缓慢兴盛和逐渐老化衰退的自然过程，而昆明滇池也不例外：滇池在唐宋时期，水面有 510 平方公里，元朝有 410 平方公里，明朝有 350 平方公里，清朝有 320 平方公里。1969 年 12 月，这个有着 350 万年历史的湖泊命运被"向滇池要粮"的行为改写，劫难过后的滇池面积缩小，若不再精心呵护或许还会缩小得更快。

种种不良因素导致滇池污染，严重制约了昆明市的可持续发展。保护滇池、治理滇池已成为重中之重的环节。令人欣慰的是，20 世纪 80 年代颁布实施了《滇池保护条例》，滇池保护治理纳入了省、市政府的议事日程。20 世纪 90 年代，滇池污染问题得到了国务院及云南省的高度重视，被列为全国"九五"重点治理的"三河三湖"之一。

如今进入 21 世纪，社会进步让我们有足够的知识和开放的心态去评价围海造田。那么多年来，滇池的生态环境又走过了一条怎样艰难曲折的道路呢？当初提出的"向滇池要粮"的口号在现实中被证明失败了。今天当我们回望那段狂热的历史，才知道实际上早就有人发出了理性的声音，也预言了今天治理滇池将要付出的代价与艰辛。然而，这场特殊的造田运动却在历史上着墨不多。围海造田到底带给我们多大的伤害？在今天我们又需要付出怎样的代价去纠正它？或许现在的滇池正在告诉我们。

（作者系云南省民族艺术研究会会员、昆明市作协会员）

围海造田　（资料）

围海造田工地　（张伟　供图）

滇池污染之探究

滇池渔家　　（黄喆春　摄）

文／段昌群

任何环境问题，在本质上都是先天自然因素和人类活动干扰共同作用引起的，滇池污染也是如此。

从污染物的属性来看，滇池主要是富营养化污染。所谓富营养化，就是水体中氮、磷等营养物质含量过多导致小型浮游植物过度生长，甚至大面积的水面被藻类覆盖而形成“水华”，而藻类死亡以及水体中的微生物分解过程消耗大量溶解氧，引起整个水域包括鱼类等大量生物因缺氧死亡、水环境恶化、水体功能丧失这种现象。在自然条件下，随着地表径流形成、河流夹带冲积物和水生生物残骸在湖泊中不断沉降淤积，湖泊会从缺乏营养的贫营养状态慢慢发展为营养物质比较充裕的富营养状态，进而可能演变为沼泽和陆地，这是一种极为缓慢的过程，但在人类活动的影响下，工农业生产和人们日常生活将产生大量废水和污水，没有处理或处理不彻底的污水将排入河流和湖泊，其中含有的大量植物营养物质与大大加速的水生生物特别是藻类将大量繁殖，使湖泊不同生物种类及其种群数量发生改变，破坏了水体的生态平衡。

云南高原湖泊有 30 多个，汇水面积达到 9000 平方千米，湖面面积 1164 平方千米，占全省总面积的 0.3% 。高原湖泊及其所在区域大多是云南省开发较早、利用强度较大、人口特别

昔日的大观楼外草海景色 （张伟　供图）

密集的关键地段。特别是在滇中地区，地处生态交错带，生态环境比较脆弱，经济社会发展水平高，人类影响程度大，以滇池为代表的高原湖泊成为我国湖泊受人类干扰程度最大、湖泊质量下降最严重、富营养化问题最突出的地区之一。

滇池污染的原因

滇池污染问题是流域内自然环境的先天脆弱性与人类后天过度干扰破坏共同导致的。

滇池是一个风烛残年的老化湖泊。滇池是一个断陷构造形成的湖泊，在地质历史上，它一直处于湖底不断升高，湖盆变浅，湖面不断缩小的状态。按照湖泊的演变发展规律，它正处于老年阶段。在13世纪中叶，滇池水位为1892.0米，以后随着滇池唯一出水口海口河的疏挖，湖面面积及水深急骤下降。14世纪，现昆明市的翠湖为滇池湖湾，东北部的官渡、昆阳的镇海阁、市内弥勒寺等是当时的渡口。过去昆明三面临水，明朝建云南城府，患水扰及，曾北移其址。在700余年中，滇池水位下降了6.85米。相应地，湖区面积也大大减小。从滇池现状来看，水体湖面面积与入湖流域面积比仅为10%，湖水浅，库容量小，仅15.82亿立方米，是我国单位水面库容量最低的湖泊之一。滇池作为一个生命体，它本身自然就处在向富营养化发展的过程中。

滇池流域封闭程度高，抵抗外力干扰和破坏能力弱小。滇池地区由低向高依次为湖面、坝平地、台地丘陵、山地，面积比相应为1 : 2 : 3 : 6。以湖面为中心四周的地形起伏大，没有比较大的开口同外部环境相通。在这种立地条件下，低洼的湖面自然地成为大多数物质循环的归宿。在人类的干扰和破坏下，区域水土流失及其淋溶的营养物质，以及流域内所有的污染物注入河流，最终进入湖泊，成为水体富营养化的一个重要影响因素。

地处三江分水岭，源近流短，水资源十分短缺。滇池是云南高原面积最大的淡水湖，作为一个高原湖泊，地处珠江水系南盘江的西北、元江水系的东北、金沙江水系之南，为三江分水岭地带。在其海口以上（滇池唯一出水口）流域面积为3050平方公里，在1887.4米的高程下湖面面积为309平方公里，集水区小，约占流域面积10.0%；来水量少，补给系数仅9.78%，仅及太湖补给系数15.6%的62.6%。滇池东、西、北三面山岭环绕，中部为冲积平原和湖面，滇池水体是滇池流域内地表径流及地下水在低洼湖面的暂时停留，从而湖水主要靠分水岭内20余条大小河流的地表水补给。由于特殊的地理条件，使各河流水源近，流程短，同时地域内广泛分布石灰岩地貌，地下渗漏率高，地表水补给量很少，流域内年降水量平均值为874毫米左右，而蒸发量约674毫米，湖面蒸发量大于湖面降水量。滇池流域终年总降水量为29. 8亿立方米，蒸发量为17.8亿立方米，流域总产水量为12亿立方米；入湖水量为9.235亿立方米，出湖水量为9.24亿立方米，即在正常年份，滇池水体仅能在目前这种水平上略保平衡。在湖面高程为1885.9-1887.0米时，年调节水量仅为3.36亿立方米，辅以外源补充，多年水资源量仅为5.7亿立方米，如果以滇池流域近400万人计，人均水资源量不到150立方米，为全省人均水资源量的3%，只有我国人均水资源量（2700立方米/人·年）的7%，为世界人均水资源量的1/35，比北方京津唐地区还少。水少就容易导致水脏，因此滇池水污染与水资源先天偏少和人类的过度利用密切不可分。

流域内生态环境比较脆弱，经济活动易于导致生态环境的破坏。滇池地区位于北回归线附近，处于全球生态系统的脆弱区域中。滇池地区是地球化学因素中磷的富集区，表面磷的本底值为0.32%，比一般地区的0.1%高3倍以上。磷是湖泊富营养化的限制因子，磷的进入是藻类大量繁殖引起水体透明度下降的主导因素。每年有大量的磷进入滇池，由于滇池的封闭性，经水体相互交换排出磷的机会较小，导致磷在区域内向心性移动，在滇池累集，使水体富营养化加深。

长期过度利用水资源和破坏生态环境，以及快速城市化发展产生的污染，对滇池生态系统产生持续沉重的压力。滇池流域气候宜人，自古就是鱼米之乡和商贾云集之地，自元代以后就是云南的政治、文化中心。历史上这里农业生产水平很高，从而成为昆明市发端的摇篮。近代工业发展，滇池又提供了水源之便，

图1，滇池位于三江分水岭地带，流域降雨偏少，流域水资源稀缺而利用强大，水少容易导致水脏 （段昌群 供图）

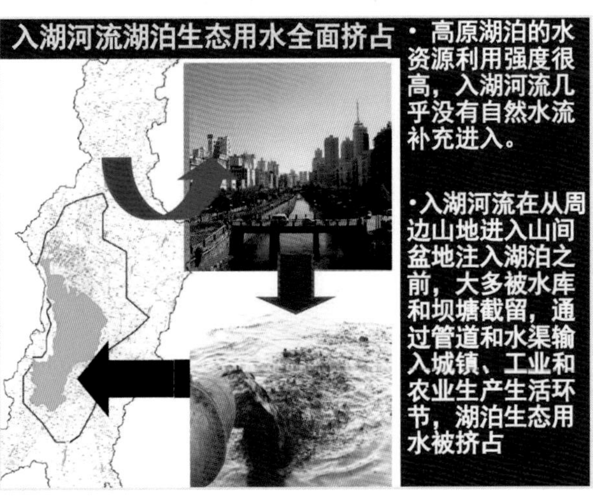

图2，滇池的入湖河流几乎没有自然流水，山间清水绝大多数被截流利用，进入坝区后收集污水和脏水 （段昌群 供图）

为昆明市发展的重要基础。滇池地区集中了全省40%的大中企业，滇池地区的工农业总产值占全省的1/3，其中工业总产值超过全省的40%，社会商品零售额占全省的1/5。滇池流域在全省自然地理版图中可谓弹丸之地，面积仅占云南省面积的0.78%，但集中了云南8%的人口，30%左右的经济总量，相应的，经济社会活动需要的水资源、物流过程中产生的污染也汇集于此，成为我国单位面积污染负荷最大的区域，在一时难以对此进行快速有效处理时，对滇池水环境的影响就难以避免了。

母亲湖负重巨大

滇池污染之所以久治不愈，步履维艰，是因为滇池母亲湖负重太大，区域发展的影响超过水资源承载力和水环境容量。

滇池流域水资源对经济社会的支持能力达到极限。从水资源总量来看，滇池流域水资源本来就比较贫乏，加之人口压力、城市规模扩大和水质下降等，滇池流域缺水问题日益突出。滇池流域多年平均水资源总量为5.7亿立方米，人均水资源量只有全球人均量的三十五分之一。即使这样，水的分布也不均匀，年际变化很大，时常出现连续枯水和连续丰水。由于自然和人为引起的湖泊老化，以及流域蓄水库容太小，调蓄能力极差，在连续丰水年有洪涝之虞，在连续枯水年常常面临水荒。正常年景至少缺水1亿立方米，枯水年景至少缺水2亿立方米，水资源的供需平衡完全靠径流水、污水与农田回归水在滇池中循环和重复利用才能得以实现，重复利用率到30%以上。近10年来，通过流域内外的调水，极大地缓解流域水资源的矛盾，但是流域中各条河流生态需水长期被挤压和剥夺的情况还是没有得到显著改善。

滇池污染负荷巨大，远远超过它的环境承载能力。滇池是昆明城市唯一的纳污水体。滇池流域内共有700多家大型企业，昆明80%的大型企业位于滇池流域内，这些企业大多生产工艺落后，技术水平低下，装备水平低劣，污染强度高，耗水量大，污水排放量达4900多万吨，其中排出总氮600多吨，总磷30多吨。流域内城镇生活污水年排放量达到2亿立方米，日排放量50多万方，年排出总氮约1万吨，总磷约800吨。除此之外，农村面源污染约产生总氮3000多吨，总磷600多吨。目前，当80%的工业污染基本得到有效控制时，城镇生活污染成为滇池污染的主要来源，农村的

图3，滇池污染因素复杂，治理难度大，一直是国家关注的重点治理对象

（段昌群　供图）

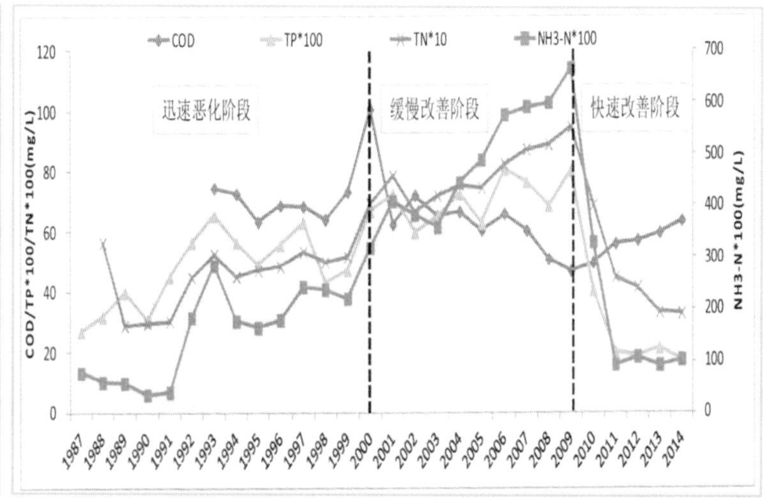

图4，滇池水质正在企稳向好发生变化，20多年治理，近5年开始缓慢改善，富营养指数显著降低，蓝藻暴发时间推迟、周期缩短、频次减少、面积下降，藻生物量减少

（段昌群　供图）

面源污染因范围大、治理难度高而成为滇池污染治理的重要环节。据测算，每年进入滇池的污染负荷大体总氮为7000吨/年，总磷为200吨/年，而滇池对各类污染物的水环境容量大体总氮为2300吨/年，总磷为110吨/年。显然，滇池接收的污染物量远远大于其承载能力，水污染和环境恶化势必难以避免。

治理滇池污染的关键

按照资源和环境承载力优化昆明发展，是滇池污染治理的命门。

要通过滇池治理目标倒逼昆明的发展方式。滇池环境问题主要表现在水环境上，但根子还在全流域中。滇池的污染根植于流域中的昆明市及其发展方式、发展布局、发展规模。滇池流域面积只有全市的18.8%，但全市80%的人口和经济总量环围滇池。在国际上，一个城市规模发展到一定程度后，城市的经济质量、生活质量、环境质量普遍都会降低。城市规划是调控区域经济社会发展的重要手段，更是保护环境、改善环境的第一道防线。根据滇池流域水和土地资源的承载力以及水环境、大气环境的容量，界定昆明的适度发展规模，制定科学、合理、可行、约束力强的城市发展规划，是滇池保护和城市经济社会协调的必然要求。

根据滇池环境改善的客观需要定位昆明市的功能，探寻环境友好、城市可持续发展道路。昆明所处的自然生态环境决定了昆明不能走规模扩张型的发展道路，只能走质量特色型的发展方式。云南经济社会的发展，对昆明市的更大需求不完全是物质生产性产业。立足云南，面向东南亚、南亚形成区域性的国际商贸城市，面向云南社会经济发展形成信息中心、金融中心、管理中心、社会服务中心；面向西南成为重要的高新技术产业孵化中心、科教文化基地；面向全国和世界旅游市场塑造特色形象，以山光水色、人文风情、历史文化铸造旅游精品，形成国内外重要的旅游休闲基地。在知识经济的时代，以信息、知识、服务创造财富，是云南全省经济社会发展对中心城市昆明最主要的需求，昆明通过向这方面努力，围绕生态城市的内涵需求进行转型发展，既减轻了滇池区域的生态环境压力，也会为云南省经济社会发展作出不可替代的贡献，自身也将得到更加迅捷的发展。

（作者系国家水体污染防治与治理重大科技专项滇池项目面源污染课题首席科学家，云南大学特聘教授、生态学与环境学院院长）

滇池畔云南民族村　　（张伟　供图）

围海造田筑起的海埂大堤（坝）如今状态　　（张伟　供图）

克林顿·米莱特70多年前拍下的滇池岸　（资料）

昆明农业与滇池

文／郭增敏

滇池是苹乡波暖、渔栖樵歌、曲水云津之地；滇池是昆明的灵气与财富之源。贝加尔湖畔美丽的红嘴鸥每年都不远万里飞到滇池栖息，没有滇池，昆明就少了勃勃生机和意趣。“滇池清，昆明兴，滇池净，昆明美”。滇池得天独厚的生态环境，是昆明农业的孕育者、支撑者和庇护者，滇池的水灌溉了万亩良田，孕育滋养了滇池流域万千人民，培育出滇池流域独特而丰富的农耕文明和生态文明，是发展昆明高原特色都市现代农业的重要组成部分。

海晏河清，时和岁丰——滇池孕育昆明农耕文明

滇池西面临山，北、东、南三面平地、台地、山地三级放射状陈列，山多坝子少。元赛典赤治理滇池水患，降低滇池水位，“得壤地万余顷，皆为良田”；兴修水利，解除洪涝灾害，并确保农田灌溉和生活用水，滇池水此刻真正成为昆明灵动与财富的源泉。

过去，农人们每年都会到草海捞海肥，让今天的人看到了“变废为宝”和“相资以利用”的理念。在许多资源面临枯竭的今天，发掘整理滇池流域这些宝贵的理念具有重要意义。千百年来，昆

生态农业建设　（杨志刚　摄）

明的发展都围绕着滇池进行，忙碌的农人和舟楫风帆，肥美的鱼和岸上金灿灿的稻米，令滇池变得生机盎然，这是农耕文明的奇迹。

南有嘉鱼，四围香稻——滇池造就高原鱼米之乡

华夏鱼文化源远流长，鱼是一个重要符号，象征着富足和兴旺。《诗经》有言："南有嘉鱼，烝然罩罩，君子有酒，嘉宾式燕以乐。"1284年，来自地中海的马可·波罗到达昆明后，在游记中写道："达到省会，名雅歧，系一壮丽的大城！"他惊叹："城大而名贵，商工甚众，本地米麦的生产甚丰，此有一湖甚大，广有百里，出产各种鱼类；有些鱼的体积甚大，盖世界最良之鱼也。""滇池金线鲃""滇池高背鲫"是滇池土著鱼，皆为"云南六大名鱼"。渔猎文化是滇池流域传统文化的载体之一，养活滇池渔民数万，周围人民数十万。鱼儿"猎而不绝"，体现了取用有节的生态文明观。呈贡大渔乡海晏村渔港，是滇池东岸唯一一个紧邻滇池且完整保留了云南民居特色风貌及滇池渔业文化特点的传统村落。还有滇池开海时，只见千帆竞发，如繁星点点，似朵朵变化万千的白云，如梦似幻。

九夏芙蓉，三春杨柳——滇池流域休闲农业蓬勃发展

"三月三，耍西山"成为昆明人喜爱的民俗节庆活动。阳春三月，杨柳依依；炎炎夏日，荷池间青蛙、海鸟、蝉儿欢唱；金秋十月，四周飘香的金色谷浪翻滚；潇潇寒冬，湖光如镜，堤岸满地落叶，滇池周遭仍旧涌动无尽的生机。滇池边的团山湿地、古城河湿地、东大河湿地等尽显"中国最美湿地"之魅力。

如今，在滇池流域发展休闲农业产业，自然环境优越，人文资源丰富。昆明通过整合湿地周边的村落和乡村旅游资源，积极开发渔家乐、休闲渔庄，完善湿地休闲功能要素，健全湿地旅游公共服务体系，着力打造环湿地休闲带，滇池流域休闲农业蓬勃发展。

滇池涵养了昆明高原特色都市现代农业

昆明作为立足西南、面向全国、辐射南亚、东南亚的区域性国际中心城市，2016年三次产业结构为4.7 : 38.6 : 56.7，整体呈现出"三二一"结构，农业在昆明国民经济中占比不高。但在昆明建设区域性国际中心城市，打造"世界春城花都""中国大健康之城"品牌中具有基础性作用。近代传统农业的发展，滇池是滇中粮仓的灌溉之源，万亩良田、鱼米之乡的丰饶富足，养育了世代的昆明人，在滇池流域催生出菜、花、果、鱼等特色的农产品。昆明是一座被大自然眷顾的城市，具有发展高原特色都市现代农业的优越自然禀赋，气候类型丰富，光热充足、雨热同季、春早冬晚，适宜多种农作物生长，产业基础扎实，蔬菜、花卉等特色农业产业在国内外都有较大影响，是高原特色农业的最大潜力、最大亮点。

在十九大"振兴乡村战略"的引领下，昆明农业牢固树立和深入贯彻"创新、协调、绿色、开放、共享"的新发展理念，按照高原特色都市现代农业功能定位和确立发展思路，推进滇池流域生态农业服务区、东西部高效农业区和北部生态特色农业区建设。滇池流域生态农业服务区经济实力强，城市化水平高，具有拓展农产品信息物流、农产品精深加工、农业博览会展、农业科技研发及农业休闲观光功能的优势。在松华坝水源保护区种植绿化苗木、生态林、经济林果；在滇池沿湖种植绿化苗木、生态林，建设湖滨生态带，打造园林园艺景观。全区域打造环湖都市农业休闲观光示范带，巩固精品农业生产功能，兼顾发展花卉、园艺、蔬菜、水果等产业，突出休闲观光功能，发展"插花式""镶嵌式"景观农业，建设以赏花、品果和农事体验为主题的休闲观光农业基地，提高附加值；强化农业高新技术孵化培育、示范带动、服务辐射等服务功能。以自然旅游景观、农业景观、要素交流、

科技服务、物流信息服务活动为纽带，推动农业“接二连三”，以适应市场多元化的需求，形成高原特色都市现代农业核心区。

保护母亲湖，是昆明农业人的担当。切实加强农村资源环境保护，统筹山水林田湖草保护建设，保护好绿水青山和清新清净的田园风光，发展现代生态循环农业，践行“绿水青山就是金山银山”重要思想，围绕“一控两减三洁净”目标任务，推进产业布局生态化、农业生产清洁化、废弃物利用资源化，着力构建现代生态循环农业绿色产业体系、控源治污体系、资源再生体系和技术支撑体系，推进产业绿色发展、生产清洁可控、资源利用高效、环境持续改善的农业绿色发展长效机制；优化调整种植业、养殖业及其内部之间的产业结构，形成产业相互融合、物质多级循环的格局；拓展农业生态功能，发展农产品精深加工、休闲观光农业、体验农业和创意农业，构建现代生态循环农业多重功能融合的田园综合体，实现农业产业功能多元发展。

百合花田　　（杨峥　摄）

斗南花市　　（杨峥　摄）

昆明是世界上最适宜发展花卉的地区之一。昆明把花卉产业作为“一枝独秀”的高原特色产业来发展，产业化、产业链程度不断提高。在美丽的滇池之畔，有一个“花花世界”——斗南花卉市场，是亚洲最大的鲜切花交易中心。“斗南花卉”享誉世界，以昆明为主的云南鲜切花在国内市场占有率超过70%，在香港市场的占有率达到40%，全国每10枝鲜切花中就有7枝产自昆明，出口市场涵盖亚洲、欧洲、美洲、大洋洲40多个国家和地区。鲜切花种植面积、产量、产值、交易量、现金流等指标已经连续20年位居全国第一，“斗南花卉”已成为中国花卉行业的驰名品牌，昆明成为中国规模最大的鲜切花生产基地和最具影响力的鲜切花集散中心及价格指导中心。到2020年，围绕“世界春城花都”品牌定位，将把昆明建成世界花卉研发、展示、交易、出口的重要中心，亚洲最具实力的花卉生产、交易、物流和价格形成中心，成为带动全省，辐射东南亚、南亚的鲜切花交易中心和世界春城花都。

在科学环滇大开发的大势头之下，昆明农业正在迎接一个“绿色发展”的滇池时代。

（作者系昆明市农业局局长）

滇池水资源的开发与保护

文 / 储汝明

滇池久负盛名，自古福泽一方，风光旖旎，孕育了昆明璀璨文明，引来历代文人墨客驻足。“高原明珠” 滇池享誉中华，昆明人呼之“母亲湖”。

时代更迭，几经变迁，滇池现位于昆明主城区下游的西南部，距市区约 5 公里，是云贵高原最大的天然淡水湖泊，属长江流域金沙江水系，流域面积 2920 平方公里，其中山地丘陵占 69.5%，平原占 20.2%，滇池水域占 10.3%。流域水系呈不对称发育，现今主要入湖河流有 36 条，水资源主要依靠天然降水，多年平均降雨量为 890 毫米，多年平均水资源量 5.5 亿立方米。滇池湖面略呈弓形，南北长 40 公里，东西宽 8 公里，在正常高水位 1887.4 米时，平均水深 5.3 米，湖面面积 309.5 平方公里，蓄水容积 15.6 亿立方米。滇池由人工闸分隔为草海和外海两部分，草海位于滇池北部，外海为滇池的主体，面积占全湖的 96.7%，分别由西北端的西园隧洞（分流草海出水）和西南端的海口中滩闸（分流外海出水）出流经螳螂川、普渡河流入金沙江。滇池对调节昆明气候、维护城市生态系统平衡和保障经济社会稳步发展起着关键作用。

古滇池属红河水系，从晋宁县西南部与玉溪市交界的刺桐关流入红河。经过漫长岁月，刺桐关抬升海口河下沉，滇池出流才改道由海口河向西转北流入金沙江水系。因历史上滇池水面宽广，唐宋时期滇池水位近 1890 米，水域面积达 510 平方公里，每遇洪旱灾害，殃及无辜百姓无数，其治理和开发利用的历史已逾千年。汉张勃“凿江通水”。宋开挖金汁河引盘龙江水灌溉农田。元代赛典赤·瞻思丁组织水系治理，在上游修筑松华坝闸，下游疏挖海口河，降低滇池水位，治理水患的同时扩大了灌溉。明代道光十六年（1836 年），在川字河上建“屡丰闸”（现“海口闸”），开启了人工控制滇池水位的始端。之后屯田制度建立，大量开展引水闸、坝、沟渠和蓄水堰塘等水利工程，滇池下游螳螂川沿岸引、提、蓄全面发展，助推了农业繁荣。清时开渠引水和小坝塘发展较快，到清末滇池流域小坝塘星罗棋布达数百个之多，较好地改善了滇池流域群众生产生活条件。民国 35 年（1946 年）在盘龙江松华坝闸上游 7 公里的芹菜冲修建了昆明市第一座小（一）型水库——库容为 220 万立方米的谷昌坝水库，进一步发挥了盘龙江在兴灌溉之利和避洪涝之害方面的巨大作用。

随着科技的发展，水资源的利用也推陈出新，1912 年在螳螂川上我国第一座水力发电站——石龙坝水电站建成投产并陆续向昆明送电，昆明进入“大发展”时期。1913 年用石龙坝电源在

滇池畔的风光 （刘云 摄）

五甲塘湿地　　（付韬　摄）

西山区建成全省第一座电力抽水站——积善抽水站，之后相继建成了多座机械或电力抽水站，灌溉条件大大改善，灌溉滇池周围大片良田。也是因为有了电力的先决条件，1917 年 8 月以翠湖九龙池为水源，在五华山西麓建成了昆明第一个自来水厂，日供水量 1034 立方米，替代了以井水为主、河水为辅的生活饮用水，也使担水卖水为生的“清泉业”逐渐退出了历史舞台，翻开了昆明市民饮水的新篇章。历代先人不懈努力，滇池水系滋养良田万顷，昆明成为富饶之地。

新中国成立之后，各级党委、政府把发展水利作为关系国计民生的大事来抓，水利事业迅猛发展，取得了史无前例的伟大成就。为拦蓄入滇池河道洪峰，有效提高水资源利用效率，上游修建了松华坝 1 座大型水库、7 座中型水库和 539 座小型水库，总库容 4.32 亿立方米，设计供水量达 6.54 亿立方米。通过对河道清淤、截湾改直、加宽砌堤、修建桥闸、开挖新河分流等方式对入滇河道进行了大规模的综合整治，仅盘龙江从松华坝至滇池共建有桥梁 29 座，各桥过水量均达到 150 立方米 / 秒，河道行洪能力得到了极大的提高。同时，加大滇池出水口的整治，新建滇池西园隧洞，最大过流量 40 立方米 / 秒；在海埂内外湖分界处建船闸和节制闸，实现外海和草海水体分离；新改扩建了“海口闸”，最大过流量达 140 立方米 / 秒；有效增强了滇池的防洪调度能力。

随着滇池流域人口增加和经济社会发展，人均水资源占有量不断减少，1949 年人均占有 710 立方米，1980 年 350 立方米，至 2000 年已不足 200 立方米，滇池流域成为全国最严重缺水的区域之一。为解决不断增长的用水需求，省、市政府积极应对，行业部门综合施策，在采取提取滇池水灌溉农田替代水库水（如松华坝水库等）转向城市供水、提倡鼓励节约用水、实施计划用水、加强用水管理、加大中水回用等措施的情况下，又在1959年建成总库容7000万立方米的松华坝水库的基础上，历时4年，于1992年完成水库的加固扩建，总库容达2.19亿立方米，成为滇池流域的重要骨干水利工程，与滇池实行“松滇联合调度”供水，保障了昆明地区人民群众的正常生产生活。随着城市的发展扩大，用水需求不断增长，又先后实施了滇池流域内的“2258”引水济昆工程，以及掌鸠河引水、清水海引水、牛栏江滇池补水等3项滇池流域外引水工程，实现了松华坝水库、宝象河水库、沙朗河及红坡水库、柴河水库、大河水库、云龙水库、清水海水库“七库一站”联合调度供水。

多年的水利建设，从根本上改变了昆明的水利面貌，水利工程星罗棋布，河渠交错纵横，滋润着广袤的田野，支撑着经济社会的快速发展。同时，水资源的内涵和外延也发生着变化，并逐步由单纯为农业服务向为全社会服务转变，由注重开发建设向合理利用转变，由粗放利用向更注重利用效率效益以及资源保护转变。

在20世纪60年代，滇池草海和外海水质均为Ⅱ类，70年代为Ⅲ类，1988年以后，草海水质总体变差，水质为劣Ⅴ类，外海水质在Ⅴ类和劣Ⅴ类之间波动。滇池富营养化日趋严重，生态系统受到破坏，成为我国污染最严重的湖泊之一。回顾历史，尽管成绩斐然，但滇池之痛难以抹去，痛定思痛，滇池治理的号角顺应时代奏响。1994年省委、省政府在海埂召开了滇池治理专题会议，拉开了滇池综合治理的序幕，之后20多年来，通过科学诊脉治疑症、开源节流破瓶颈、釜底抽薪注新液、强化保护筑防线几大措施，不断完善环湖截污及交通、农业农村面源治理、入湖河道整治、生态修复与建设、生态清淤、外流域引水及节水“六大工程”为主线的治理思路，初步构建了流域“自然——社会”健康水循环体系。目前，12座城市污水处理厂、97公里环滇池截污主干管渠及10座配套污水处理厂、5569公里市政排水管网和17座雨污调蓄池，实现了“一城一头一网”管理，滇池流域截污治污体系基本形成；实施36条主要入湖河道整治，黑臭水体基本消除，河道水质明显提升；开展退湖、拆防浪堤、建生态湿地等生态修复建设，新增滇池水域面积11.51平方公里，一些消失多年的海菜花等水生植物、金线鲃等土著鱼类、鸟类重新出现，生物多样性不断恢复；通过取缔畜禽养殖、农业产业结构调整、村镇垃圾和污水收集处理等措施，农业农村面源污染得到有效控制；推进再生水利用及污水处理厂尾水外排及资源化利用，以及牛栏江滇池补水，实现了“与湖争水”向“还水于湖”的历史性转变。

滇池流域人均水资源量不足200立方米，水资源匮乏，供需矛盾突出，滇池污染的前车之鉴提醒我们要不懈努力，按照“量水发展、以水定城”的理念，算清水账，未雨绸缪，科学定位，以有限的水资源保障昆明经济的腾飞、社会的和谐、人民的幸福。“滇池清则昆明兴”，我们翘首以盼，滇池早日恢复“高原明珠”之璀璨。

（作者系昆明市水务局局长）

滇池渔民
（黄喆春 摄）

五百里滇池寻访记

文 / 刘云

春到滇池（摄于1994年3月）（杨志刚 摄）

编者按：1993年，云南日报一位女记者骑着单车环滇池采访。一周，300余公里，7篇文章，从冶炼厂到造纸厂，从滇池源头到出海口，从螳螂川畔到渔家农户的网箱，一路寻访，用一颗滚烫的女儿心和真实细腻的笔触，客观生动地报道出当年滇池严重污染和治污初见成效的现状。那里有海菜花消失，湖水变绿变污变油的心痛；有锁住乌龙，护住源头的欣慰；有梦于明净，醒于污染的感慨；也有经济要发展，环保不可丢的呼唤。更有一位新闻战士脚踏实地的理性思考和大声地呐喊。这组报道于1993年6月14日开始在《云南日报》要闻版连续登出，对“三湖”治理产生了很大影响，对宣传鼓动滇池保护和生态治理功不可没。

一座湖，从“高原明珠”到“死水微澜”，从痛定思痛到金山银山不如绿水青山的觉醒，半个世纪的跨越；一个人，从青春到白头，像探宝者一样地去“探宝”，去寻找和发现具有新闻价值的人和事，这位记者一干就是40年。“拯救滇池”系列报道是她事业的一个片段。有人说新闻是“易碎品”，也有人说新闻是“明天的历史”。20多年后，我们重读这组用脚板走出来的报道，字里行间，看到了一位新闻工作者对“母亲湖”的挚爱和治理保护滇池的希冀，对我们当下治理保护滇池仍然信心满满。

锁住乌龙 须争朝夕

——“拯救滇池”环湖采访见闻录之一

带着省市政府的重托，带着昆明全市人民的期望，6月13日上午9时，“拯救滇池”新闻记者环湖采访团冒雨骑车上路了。

此行的第一站是采访建在新海埂路上的昆明市第一污水处理厂。这个目前昆明市唯一的污水厂担负着昆明市三大排水系统之一的船房河系统污水处理重任。它像一个巨大的过滤器，吞入污水、吐出清水。走上这座正在运转的庞然大物，记者看到，流入的污水首先经过除渣机与沉沙机，滤去水面的漂浮物，

20 世纪 90 年代的滇池　（资料）

而后进厌氧池，再入氧化沟循环。在这里，6 条沟道的污水顺逆相间流动。污水中的有机物在沟内活性淤泥的作用下逐渐分解，氮在转动中变成气体蒸发，而磷则在沟尾的富氧池中，随着泥水的分离而沉入池底。这时流出的水体就变得清澈透明而没有异味了。

然而这个日处理污水能力仅 5.5 万吨的工厂对于日渐被污染的万顷滇池来说，显然只是杯水车薪。据昆明滇池保护办公室提供的数字表明：滇池水域面积为 306 平方公里，湖容为 15.7 亿立方米。滇池周围建有五千多家工厂，其中两千多家每年排入滇池工业废水和生活污水 15.8 亿吨。农业每年排入滇池的有害物质不低于 1.39 万吨。由于大量污染物和营养物质的排入，致使滇池生态恶性循环。据有关部门监测，滇池草海已达到严重污染和异常富营养化状态，水质超过 GB3838 五类标准。

人们不注重保护大自然，大自然也开始惩罚人们：三伏天滇池边无人游泳，大观河旁尽管垂柳飘拂、绿树成荫，但散步的人们掩鼻而过。记者采访途经的几条河，只见污物沉渣泛起，河水乌黑发臭。如大观河流进的生活污水占水总量的86%。难怪老百姓形容说“50 年代可以淘米洗菜，60 年代可以钓鱼做腌菜，70 年代鱼虾绝代，80 年代不能洗马桶盖”。陪同记者采访的昆明市环保局高级工程师李吉孝说，污染严重的河流除大观河外，还有船房河、运粮河、新河、明通河、盘龙江和王家堆渠。这 6 河 1 渠在流入滇池的 20 余条污水河中，污水输送量占 36.8%，入湖总氮占 72%，COD 占 85.7%，BOD 占 92.5%，成为污染滇池的主要河流。老百姓管这几条臭水河叫“乌龙”。

如何治理“乌龙”？近两年来，昆明市委、市政府多次研究治理滇池问题，提出了综合治理 8 项大型工程方案：滇池防洪保护及污水资源化工程、草海底泥疏浚工程、重点污染源治理工程、滇池流域环境防护林体系建设、滇池流域生态农业建设及农业环境保护工程、滇池流域环境自动监测系统建设。这些工程得到了省委、省政府的支持和肯定。1993 年 4 月 14 日至 15 日，和志强省长在昆明海埂主持召开现场办公会，集中研究和部署了治理滇池污染的工作。会上一致认为，滇池的污染日趋严重，以致发展到了非下大决心，采取更大工程措施的地步。因此，锁住乌龙，须在今朝！

（1993 年 6 月 14 日）

源头活水　护泉情深

——“拯救滇池”环湖采访见闻录之二

滇池水质恶化，湖水被大面积污染，滇池的上游——松华坝水库情况怎样？带着这个问题，记者昨日逆流而上，来到离昆明 60 公里以外的松华坝水库发源地——嵩明县白邑乡采访。

沿途农田一片翠绿，山间林木郁郁葱葱。汇入松华坝水库的条条河渠水质清澈。水源保护区负责人李志能处长介绍说：“滇池上游——松华坝水库担负着供给昆明市生产生活用水的主要任务，其中生活用水占城市供水量的 80% 以上。至今这个水库的水没有受污染，区域内的森林覆盖率由 1984 年的 27% 增加到 1990 年的 39.5%。这与汇水区人民的奉献是分不开的。”

汇水区 593 平方公里的面积，丰水年产水量 3.9 亿立方米，今年产水量为 2.1 亿立方米。在这个区域内居住着昆明市官渡区和嵩明县白色、大哨、双哨、小河、双龙、龙泉等7个乡镇46个办事处346个自然村19000户农民。90%的人家分布在山区和半山区。为保护水资源，自1981年以来，汇水区人民群众在省、市政府和有关部门的支持下，提出了“治水先治山、治山先治穷、治穷先治愚”的方针。政府和群众先后投资700多万元，对水资源进行了综合治理。建立护林防火体系，实行护林防火承包，至今水源区5年内没有发生大的山林火灾。为了保护森林，在昆明市农业局帮助下，区域内先后建沼气池1226个，改灶15339眼，一年可节柴26686吨，相当于每年少砍伐树林1200亩。1984年到1986年，大哨、白邑、阿子营等5个办事处退耕还林4.5万亩。现在这些幼林已长到二三米高，树径有口杯粗。为保护生态，净化水质，省有关科研单位和大专院校在小哨的回流、阿子营的草冲、大哨的老村和羊街的麦地冲，兴办了4个生态试点村。水库周围的农民还在面山和延伸带造林1.8万亩。群众集资40万元，投入劳力75.5万个，修建小型水利工程176件，使区域抗洪能力逐年增强。

昆明市滇保办张凤保主任说，水源区人民牺牲自己利益，保住大局的精神实在可贵。仅白邑一个乡为封山育林，不让牲畜进山，近年来杀、吃、卖12000多只羊。退耕还林减少油菜种植面积1000多亩，停办带有污染的企业10多个。仅这几项，每年全乡要减少收入上百万元。乡干部说：“历史上我们白邑就养成了保护水资源的美德。不利于护水的事坚决不做，这一规定已列为乡规民约。”

在这里，我们看到汇入松华坝千条溪流中可见度最高的7个泉眼。 在白邑的黑龙宫和青龙宫内，至今还悬挂着两块匾。一块是光绪皇帝题赠的“盘江昭佑”，另一块是清末民初著名学者陈荣昌先生题的“盘龙之源”。今天的白邑人同样知道保护水源的重要性，他们不办有污染的企业，不做有害子孙的事。他们在水源区四周先后种了经济林木70多万株。每到夏秋季，满山桃李飘香。

尽管汇水区人民默默无闻地做了许多工作，但滇池上游松华坝水资源保护区还潜藏着危机。由于退耕还林中的一些问题没有落实，部分农民的口粮没着落，资金困难，加之农民负担过重，搞不好有可能回到毁林还耕的老路上。加之现在烤烟面积不超过1.5万亩，但嵩明县一年下给白邑乡的任务就达3万亩。烤烟种

滇池水源区之松华坝水源保护区　　（杨志刚　摄）

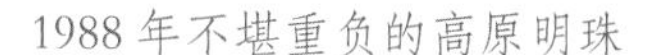
1988 年不堪重负的高原明珠

20 世纪 80、90 年代暴发的蓝藻和水葫芦

破损不堪的生态系统　　（资料）

得多，烤房建得多，每年烤烟用柴量大，会不会又发生毁林的事，使生态继续恶化？他希望新闻单位帮助呼吁，让这一问题引起有关部门的高度重视。水源区人民为昆明人民的饮水，为保护滇池源头做出了贡献，我们也应该为他们着想，实实在在为他们排忧解难。

（1993 年 6 月 16 日）

梦于明净　醒于污染

——“拯救滇池”环湖采访见闻录之三

俗话说：“靠山吃山，靠海吃海。”

如今，生息在滇池边的农民“吃海”也难了。昆明市西山区碧鸡镇王家堆的村民，说起昔日滇池那碧绿的苇秆，又厚又软的水草，湖面飘荡的海菜花，水中来回畅游的鱼儿，完全沉浸在幸福的回忆之中，但一讲到现在的滇池，他们就忧心忡忡。滇池被污染，把老天爷赐给他们的福分夺走了。

6 月 15 日下午，记者骑车来到王家堆村采访，正遇着一群村民在滇池边料理网箱养鱼。社员王凯对记者说：“滇池污染，我们受害最深最直接。不信，你们亲眼看看！”王凯接着说：“我们管污染叫海油，海油腻在网箱，鱼呼吸不动，死的死，漂的漂。一年下来，有的人家连成本也贴进去了。”正说着，一叶小舟驶了过来。船主是一位戴蓝头巾的农妇。她调转船头后对我们说：“前几年，海子里的水清汪汪的！小船划出去，一网撒下，活蹦乱跳的鱼就打上百把斤，现在水黑洞洞的，鱼虾快要绝代了！有的出海一天，一条鱼也捞不到。”另一位年长的村民也凑过来说道：“现在工厂建得多，废水都往这里流，清水变绿，绿水变污，污水变黑，不要说人饮水，连牲口吃都不行了。鸭子都不愿在里边游，赶下去它又跑上来。”

王家堆村的党支部书记、村长王顺之说：“我们村 90 多户人家，280 多人，搞网箱养鱼的就有 43 户，共 200 多个网箱。前些年，每只网箱年产鱼 300 多公斤，现在只能产 50 多公斤了。这几年，农田污染也很严重。我们村的农田，受污染的与不受污染的相比，每亩单产要下降 300 多公斤，稻谷还没成熟就倒伏，颗粒不饱满。”马街片区有几十家工厂，很多工厂环保意识较差，环保措施跟不上。有的厂家排放到滇池的污水大大超标。村长说，昆明水泥厂还将玻璃、拉罐等垃圾倒在王家堆村子旁，村民多次反映得不到解决。去年农民们就到工厂上去打“官司”，工厂赔了 2 万元损失费。今年，村民们又请村干部逐级反映要尽快治理滇池，为子孙后代着想。

王家堆村受害深，觉醒得也早。近年来，这个村的干部群众为配合滇池的治理，积极做工作。他们广积农家肥，修理厕所、化粪池，不让粪便排入滇池。今年他们着手翻挖鱼塘，准备将网箱中的一部分鱼移到净水塘中饲养，对城区居民的健康负责。用他们的话说：“我们生在滇池边，不能等着别人来帮助治理，自己要参与治理工作。”

滇池岸边村庄有数百，王家堆是其中之一。滇池污染，受害的村庄不仅这一个。王家堆人增强环保意识，积极参与环境保护，治理滇池，其他的村庄应该怎么办？

（1993 年 6 月 17 日）

排污管道难以铺下去 云冶废水依旧入滇池

——“拯救滇池”环湖采访见闻录之四

从云南冶炼厂出发，记者踏上去富民的公路，在临近天生桥的地方，一条粗黑的管道如山蛇从路边地层深处昂首而出，经一个封闭的圆形水池中转后，又隐入农田，然后向富民县蜿蜒伸去。昆明市滇保办主任张凤保向采访的记者介绍说：“这是云南冶炼厂架设的排污管道，总长 33.9 公里，直径 210 毫米，从云冶一直铺到富民浦渡河即螳螂川下游。泄出的污水将与螳螂川会合。”

“为什么不把管道接通？”这一问，立即引发了陪同采访的云南冶炼厂领导的难言之苦。

云南冶炼厂建于 1958 年，是周总理签批的国家“一五”计划重点项目。现在主要产品有电解铜、硫酸、黄金、白银、综合回收产品、硫酸盐类产品等 18 类。1992 年总产值为 12 亿，利税总额 1.65 亿元，销售总额跻身全国 500 家特大企业之列。建厂之初，国家因陋就简，环保欠账很大。副厂长杨毓和坦率地说：“云冶过去受益于滇池，也造孽于滇池。1980 年以前，年生产能力仅 3.8 万吨，废水排放量就达到 1 万立方米以上，每年重金属排出量达 160 吨，给滇池造成了严重污染，我们感到内疚。80 年代初，国家提出把环境保护作为国策来抓，我们进一步意识到处于滇池之滨的云冶，如果不维护好生态环境，企业就难以发展以至难以生存。80 年代初，云冶开始着手治理“三废”。到目前为止，用于保护环境的投入已达 1.4 亿元之多，采取“清污分流、分点治理、封闭循环、达标截流”，

滇池的水（拍摄于 1992 年）（资料）

滇池的水（拍摄于 2010 年）（资料）

集中力量对废水做精细处理，综合利用，最终将外排水量限在日 2000 立方米左右。

为解决排污设施上档次的问题，去年初，这个厂又投资 1000 万元，从厂区至富民方向沿途征地铺设排污管道，将最终的污水改道输入螳螂川。这样，既不会对富民造成任何环境危害，又不再污染滇池。然而这项工程却在富民大营镇搁浅近一年之久，其原因是：大营地段总共铺设管道 11 公里，这项工程按国家造价只需 48 万元左右，但当地乡村干部一开口要价 120 万元，有关部门多次出面协商，厂领导轮番去商谈，最后达成协议，出 70 万元让动工。哪知工程快要完工，仅剩 1.9 公里时，大营镇又提出追加 5 万元，否则不让续工。为这 5 万元，厂领导进退两难。增加了，怕财务审计过不了关，不给又怕得罪农民。向有关部门反映情况，农民说工厂去告黑状，“罪上加罪”。厂领导说：“我们惹不起啊！”为这 1.9 公里，厂领导多次上门商谈。乡镇干部不理，无法，只好搁浅。排污管道卡壳，云冶每日 4000 多立方米含砷、铅、镉的工业废水依旧向滇池滚滚而去。杨副厂长焦虑地说：“我们搞这一项目，纯考虑社会效益与环境效益，希望大家呼吁一下，让工厂废水早日掉头流向螳螂川！”

（1993 年 6 月 18 日）

经济要发展　环保不可丢

——“拯救滇池”环湖采访见闻录之五

当记者到达与滇池仅一埂之隔的福保造纸厂时，车间里机器轰鸣，厂区秩序井然。绿化带从厂门一直延伸到各车间门口，排水沟流动的生产用水几乎闻不到异味。仔细观看这个厂占地 100 多亩的污水处理工程，真让人欣慰。沉淀池、厌氧池、曝气塘、气浮池、氧化沟、虹吸滤地、清水池与各种管道组成了一个庞大的污水处理系统。各车间排出的制浆污水流经上述系统，悬浮物就基本沉淀，有机物大部分分解。污水变为清水后，进入循环沟再使用。

厂长杨加会告诉记者，农灌季节还抽循环系统内的水使用。“这样会不会造成农作物污染？”厂长回答说：“不会。”当即这个厂聘请的高级工程师杨工发给记者一份环保部门做的水质分析化验报告，从监测结果来看，福保造纸厂的污水除硫化物有点超标外，其他指标均符合要求和达标。

地处滇池之滨的福保造纸厂，达到现在这样的环保水平，来之不易，前些年该厂曾是滇池畔乡镇企业中有名的污染大户。1989 年，昆明市人大代表视察该厂时，对其缺乏环保装置、污染滇池提出了批评，并要求该厂强行治污，杜绝污水直排滇池。人大代表的批评对这个厂震动很大，他们先后投资 500 多万元，从湖南、汉口等地购进排污设备，并把污染严重的纸浆车间移到偏僻的地方。今年又请北京市环保科研所的同志前来帮助技改，引进先进的气浮设备，把大量排入沉淀池的悬浮物除去。同时建一个干化厂，全厂的污染物将来可抽到干化厂处理。这一工程目前正在进行。年底完工后，福保造纸厂的污水处理水平将会上一个新台阶，不符合标准的硫化物亦将会经处理后达标。

采访福保造纸厂之后，我们想到周围共有几百家乡镇企业，其中只顾眼皮下的经济效益而不考虑环保效益的企业还是不少，将大量污水排入滇池的企业不是一两家。这些乡镇企业，难道就不能像福保造纸厂那样把发展同环保同时抓起来？

（1993 年 6 月 20 日）

螳螂川畔感慨多

——“拯救滇池”环湖采访见闻录之六

16 日上午，记者到达环湖采访的终点——海口镇。

站在码头上便可以望见气势宏伟的元代建筑——海口川字闸。每到放水时节，滇池水就由此导入螳螂川。由于水分三路，形如“川”字，所以人称“川字闸”。

此时正值枯水期，三闸都未开启。据介绍，1953年至1991年39年间，三闸排出滇池水年平均为3.75亿立方米。丰水年1986年排出7.9亿立方米，是最多的一年。

过闸门便是螳螂川。滇池水就是通过螳螂川入普渡河，流入金沙江的。记者沿螳螂川顺流而下，一股难闻的怪味扑鼻而来。这里便是已有53年历史的云丰造纸厂了。记者问厂长：厂里排出的废水对螳螂川是否有污染？厂长答："基本上没有污染，只是颜色难看点，泡沫多一点，还有些纤维。"然而在归途中，环保部门却将该厂的"底"漏给记者：因为排出的水不达标，云丰造纸厂每年要交纳24万元的环保费！螳螂川两岸有10多家污染大户，大多缺乏环保意识，以致殃及螳螂川下游。今年昆钢因取用了严重污染的螳螂川水，造成停产数日的事故，平均日损失达1800万元。如不抓紧治污，螳螂川由河道变成排污沟的日子已经不远了。

沿湖一路走来，亲眼看到各种污染物汇集滇池，记者心里好似压了一块重石，滇池怎么办？滇池流域200多万生于斯、长于斯的百姓怎么办？想来真急人，好在我们的政府不仅已经看到而且已经开始着手治理滇池的污染。今年4月，和志强省长在昆明海埂主持召开现场办公会，集中研究和部署了治理滇池污染的工作，对原来的治理方案做了调整，明确地定下了综合治理滇池的总目标是：从现在起，用18年时间，投入30亿元，分三个阶段，完成滇池流域的根本治理。

昆明市滇保办主任张凤保特意将采访团带到海埂渡口。他指着对面的青山满怀希望地说："八项大型治理工程之一的'滇池防洪保护及污水资源化工程'即西园隧道就要从这里开挖了。"这项工程主要是将污水经过处理达标后，用隧道输送到马料河水库储存进行二次净化，供昆钢和螳螂川沿岸工农业生产使用，同时可泄洪，保证雨季百年一遇的防洪安全。这是防洪、排污、解决昆钢工业用水一举三得的工程，具有很大的综合效益，也是治理滇池污染的重大措施。工程投资3.5亿元，现正在做前期工作，12月开工，1995年以前建成。坚持搞好治理污染滇池的8大工程，18年之后，让五百里滇池恢复昔日的明净，这该不是梦吧！

（1993年6月21日）

治湖保水 迫在眉睫

——"拯救滇池"环湖采访述评

黄河长江抚育了中华儿女，滇池草海抚育了春城人民。昆明市大片良田靠滇池灌溉，82%的工厂用的

春到螳螂川 （赵书勇 摄）

螳螂川 （资料）

是滇池水。全市人民的生活与滇池息息相关。

海埂为什么被批准建国家级的旅游度假区？是因为它和高原明珠唇齿相依。

昆明为什么四季如春，景色秀丽，每天吸引大批中外客人纷至沓来？也和滇池调节气候分不开。滇池成了维持昆明城市生态系统的重要条件。一句话，滇池是昆明的生命之源，没有滇池就没有昆明。

在为期一周的“拯救滇池”环湖采访活动中，记者亲眼看到滇池草海水色绿黑，味腥臭，藻类疯长，水体异常富营养化，生态系统所能提供的资源，在某些方面已经面临枯竭的危险。其污染源主要由 3 部分组成：点源污染，由城市生活用水和工业废水形成；面源污染，由降雨量，降尘以及人为活动形成；内源污染，由湖内沉积底泥形成。据环保部门提供的数据表明，每年入湖污水量为 1.58 亿立方米，入湖污染量为 26036 吨，其中点源污染占 84.2%；面源污染占 15.8%。昆明属水资源贫困地区，滇池流域人均径流量仅有 302 立方米，为全省的 1/23。滇池严峻的水体污染和水资源短缺已经成为威胁人民健康和制约社会经济发展的重要因素之一。

拍摄于 2010 年的滇池治理　（资料）

1992 年昆明市区的常住人口比 1969 年增加 30 万，工业户数增加 6 倍，工业总产值增长 8.96 倍。人口剧增、工业发展导致了对能源、水资源、土地资源等方面需求量的迅速增长，加剧了城市生态环境的恶化。另外，50 年代至 60 年代初期，昆明郊区的农田主要施用农家肥，随着农科技术的推广，改用农药化肥为主，导致入湖的总磷总氮增加。还有居民住楼抽水马桶和街道公共水冲厕所的普及，每日排入的污水使滇池不堪重负。另一方面人为的因素破坏了生态平衡，50 年代末 60 年代初的大战钢铁，使滇池源头、松华坝附近

昆明城的尴尬（拍摄于 2013 年）　（陆江涛　摄）

滇池之畔 （李焕生 摄）

的森林覆盖率由过去的60%下降为37%。植被减少，水土流失严重。据调查，每年入湖泥沙达40万吨，30年来，湖床平均被抬高47厘米，生态环境受到严重破坏。自然也就为今日的滇池污染潜下了危机。目前，整个滇池流域水土流失面积达964平方公里，占总面积的36.8%。另外，“文革”期间，大规模围海造田，使草海被占约20平方公里，使滇池的自然净化能力大大减弱。加之多年来，由于我们对资源有限性和不均性认识不足，对滇池地区生态环境容量的有限性缺乏清醒的认识，以致在资源的开发利用、工农业布局和发展上曾出现过一系列的失误，造成今日滇池的惨状。人类破坏了大自然，大自然给人类以报复，这是天经地义的规律。

滇池问题，已经引起省市领导乃至中央的高度重视。今年4月中旬，和志强省长在海埂召开现场办公会，决定从现在起，用18年时间，投入30亿元，分近期、中期、远期3个阶段完成滇池流域的根本治理任务。喜讯传来，全市人民无不欢欣鼓舞。

其实滇池的治理早在几年前就已经展开。昆明市对一些污染严重的企业实行关停并转，污染大户分别建了污水处理系统，市里在新海埂公路建起了第一污水处理厂。还加强了松华坝源头的保护工作。但因种种原因，治理速度跟不上污染速度。而主要的问题在于市财政和企业缺乏治理滇池的资金以及环保意识不强，导致多年来治标不治本，对企业排污以罚代治。

有关专家、学者对滇池的治理提了不少建议。这些建议包括：一是多方筹集落实资金。建议从1994年开始，在每年省市人代会审议当年的财政收支预算时，把滇池治理费用纳入财政支出计划，该请中央财政支持的要积极争取，另外搞一部分社会集资，发动群众人人参与治理。二是调整产业结构。对现有严重污染滇池的工业企业，分别情况，采取不同的措施，有能力的建立自己的排污处理系统。效益不好的又没有发展前途的，就关停并转。以旅游业为龙头，重点发展第三产业和高科技行业，以及污染不大的轻工业和食品加工业。在审批新的项目时，要同时审批污水处理计划，凡是排污计划不落实的，一律不准开工。三是建立强而有力的指挥系统和监督机制。能否让市长亲自抓，人大进行监督，并把治理滇池列入市长和各级领导主要政绩的考核标准之一。这些建议对治理滇池污染是很难得的。

（1993年6月23日）

（作者系《天雨流芳》丛书主编、云南日报高级记者）

十里春风过大观

——记一九九一年昆明十二万军民疏挖大观河

大观河道 1990 年 11 月 4 日　　（杨志刚　摄）

文 / 杨亚伦

滇池的污染威胁到了昆明的生存，党着急，政府着急，人民群众着急。1991 年 1 月，昆明市打响了“八五”期间治理滇池的第一战役：治理大观河。

2 月 25 日，春城军民义务疏挖大观河工程拉开了序幕。清晨，太阳从金马山升起，上班的人群被大观河里的景象惊呆了：3000 米长河中，站满了人，新老篆塘齐腰深的污泥中，伸出了几排绿色长龙，那是解放军战士和省、市机关干部组成的挖河大军。大观河里第二天如此，第三天依然如此，人一天比一天多，心也一天比一天齐。河岸边围观的人群静静地看着多年没见过的景象。

春寒料峭，刺骨的黑色泥水浸泡着无数的身躯。岸上旌旗猎猎，春风都跟着飘舞，参战单位旗帜鲜明地亮出自己单位和口号。这是人类治愈大自然创伤的一次宣战，也

1990 年 11 月水葫芦堵满大观河道　　（杨志刚　摄）

是给滇池爱的一点补偿。昆明师专打出横标“净化心灵，美化环境”。“千军万马齐上阵，哪来大观水不清”。“洒辛勤汗水，换满河清泉”。某集团军挂出大红标“与春城人民心连心，同呼吸，共命运”。“完全彻底为人民服务”。那几天，喊得最多的便是一个“福”字，造福人民，造福春城，挖河大军用自己的汗水在写这个字。

担任疏挖工程任务最艰巨的解放军6000多官兵，把自己全献给了昆明。为了高标准完成挖河任务，云南省军区从边防抽调了挖掘机风尘仆仆赶到昆明；驻昆空军、炮兵部队、工兵部队都把自己的大型机械调集到工地。在新篆塘工地，机械用不上，战士们就跳进污水中，用手一桶桶向外提淤泥。某工程兵部队是军委命名的“硬骨头式团队”，曾支援过昆阳铁路、南过境干道建设，疏挖大观河又拿出“硬骨头”精神，副营长贾豫昆是昆明人，家就住在东寺街。挖河以来母亲病重，小孩生病，他带着战士掏污泥，7天7夜奋战在工地，没有回家看一眼。成后办事处教导队新兵泡在泥水中，许多人受寒拉肚子，战士王永刚发烧住院输液，偷跑出来参加挖河。元宵节夜晚，成后干到凌晨4点，一夜装了92车淤泥。某集团军的一支部队被紧急从外地调入昆明，他们中午3点到昆，晚上7点便奋战在工地上，部队要求：再苦再累再脏都不怕，就是要给春城人民留下好印象。这是一支英雄的部队，在条件较差的情况下，硬是靠一双手，每人每天传递的淤泥装满了一辆辆大卡车。士兵们昏倒了又站起来，冷了就唱支歌。3月6日晚上，我来到工地，热火朝天的工地上传出了嘹亮的歌声：“歌声飞到大观河，夸咱们歌声数第一，一、二、三，加油！加油！快加油！不加油就落后头，落在后头多掉价，有损光辉召笑话。”人心被鼓得暖烘烘，一位年轻的女工情不自禁地说：“走在这些兵的面前，感觉都不一样。”

有人写了一首《挖河者之歌》献给疏挖大观河的官兵，广播里播出了诗句：“你又一次陷入淤泥，双脚血凝，齐腰深的泥塘，浸泡着你的身躯。”有人落下了热泪，昆明人被感动了，慰问队伍川流不息奔向大观河。

3月10日深夜，解放军挖完最后一桶泥后，又清扫完街道，把雄风留在河里，便悄然离去，这时，昆明城还在酣睡。

春节刚过，省轻工厅副厅长晏连昆就站在了齐腰深的泥水中捆扎脚手架。这是省政府系统第一家进入工地的单位和领导。以后开挖，晏连昆和大家一起干了5个夜班，有一天在泥水中干到深夜两点。领导们谁也不愿自己的名字掉了。省地矿局陈西京局长带病坚持挖泥，站着干不动了，就干脆坐在河沿上传递泥桶。省林业厅领导干得汗流浃背。省电力局领导推迟下乡，从外地调来大批机械投入挖河，几位领导亲自挖泥。省邮电局没有大型设备，局领导便带领着机关干部在工地搭起简易工棚安营扎寨，吃住在工地。他们提出：“我们没有机械，就凭起早贪黑，用小车推，也要推完几千方的任务。”昆明市级机关和五华区、盘龙区的领导也带头下河挖泥。挖河期间，有两位副省长、11位将军、110位副厅长以上领导和3000多人次的县团级干部参加疏挖大观河。

面对领导作风的转变，机关干部吃惊，市民们也吃惊。省轻工厅、地矿局、测绘局、电力局的干部，

1991年3月1日治理滇池大会战　　（杨志刚　摄）

纷纷跑到省府指挥部，要求表扬他们的局长！一位个体户给省级机关挖河干部送来2000个面包，这位叫陶琦惠的女青年只说了句：“我在附近看了几天，你们机关干部平时劳动不多，挖大观河很苦，干劲又这么大，我们全家实在感动。”多年罕见的情景在大观河出现了。大观河把人们凝聚在了一起，人与人的关系、人与自然的关系都变得如此亲近，人的心灵也得到一次净化。

正在昆明参加全省邮电工作会议的40名代表，也来到大观河参加疏挖工程，置身热气腾腾的工地中，这些地州及县的邮电局长被感动了，代表们感慨万千：“没想到一条大观河竟唤起昆明人如此干劲！我们要把这种精神带回去，推动本地树立环保意识和做好本职工作。”一批又一批人来到河边，少年看到了“水珠”，青年看到了“大海”，老年人却看到大海里升起的风帆。一位68岁离休老人几天忙碌在工地拍照，我问他为什么，老人眼中掠过一线光芒：“留点历史纪念东西。挖大观河不简单，把过去的传统继承下来，那什么事都能办好。”

昆明人挖河挖出个“大观河精神”，这精神如大地之春气，从3000米长河中升腾起来，在春雨中又回归大地。“环境意识”“艰苦奋斗意识”“人类自我约束意识”“资源有限意识”……大观河里还有什么？许多人在咀嚼着。

一场潇潇春雨把尘埃降落。14天疏挖工程终于结束。12万挖河大军挖出9万多立方米淤泥，上千台车辆运走9万多立方米淤泥。喧闹的大观河又恢复了平静，河底悄悄渗出了一股清清的水，杨柳拂着河岸。有人轻轻叹道：“多么好啊！生命之源。”

（作者系《天雨流芳》丛书执行主编）

1991年3月疏挖大观河　　（杨志刚　摄）

满江红　滇池

文 / 张国政

滇池横行，五百里，苍苍茫茫。曾几时，渔翁唱晚，骚客低吟，杨柳芙蓉漫天舞，明月清波两相映。碧连天，莹澈如珠翠，仙家境。

天作美，人作孽，愚昧极，肆虐甚。美人泣，无限风光成昔，锦鳞沉寂恶浪起，通天弥漫腐朽气。举新政，赖源头活水，还清白。

（作者系云南文投集团总经理助理）

渔舟唱晚　（章明　摄）

杨慎塑像　　（资料）

编者按： 海口是滇池唯一的出水口，这里自古多水患。自元明清迄于近现代，政府和民间都非常重视对海口的疏浚排涝。《海口修浚碑》记载了明代第三次对海口的大型疏浚工程。作者为明朝著名学者、四川谪滇状元杨慎（升庵）。碑文先后著录于明朝天启《滇志》、万历《云南通志》以及清代云南多种史志。今原碑石不存，碑文经辗转抄录，其文字古奥，夺误甚多。为方便读者阅读，丛书编辑部特请云南师范大学教授、云南省文史研究馆馆员朱端强对碑文的内容做了白话文翻译（见本篇），并对重要之处略加补注（译文中括号内的内容）。朱端强先生表示：译文曾参考多种整理本和有关著作，勉为裁定。未当之处，请读者批评教正。

海口修浚碑（译文）

文／碑文撰写：明 四川 杨慎

谯周《巴蜀志》说：滇池水出自盘龙江，又名“积波”，共有九十九个孔道。其水（上游）深而宽广；（下游）浅而狭窄，有如河水倒流，所以叫“滇（颠）池”。当年汉武帝想开拓越嶲、昆明地区，听说有此大池，就事先在长安开凿了一个和它相似的池子，用以练习水战，今天其遗迹还斑斑可考，大体与史志所记符合。但是，从汉、唐直到宋朝，（云南）叛乱无常，屡开屡塞。进入我大明王朝，一统天下一百七十多年，国家统一，四海一家，过去的蛮荒之地，今天也发展成和京城附近的地区一样了。

昆明池位于云南省城昆明之外，围绕省城的是安宁州、昆阳州、晋宁州；昆明县、呈贡县、归化县（今属昆明市呈贡区），它们都在滇池岸边。因为当地土著称“池”为“海”，所以，在昆阳州的地名就叫“海口”。它是滇池的咽喉之地，关系着滇池水系的涨落和水旱。那些靠海（池）的水田，如果哪年遇到洪灾，水漫田地，泡汤的庄稼，就白白成为野鹅等水鸟的食物。

大明弘治朝，云南巡抚、都御史应城人陈金最早启动对海口河道的疏通工程，他撰有那次疏通工程的《记》文，刻在石碑上。但此后每隔一年还要疏通一次，称为“小修”。正德朝，云南巡抚、都御史安福人王懋中、副使昆山人史良佐又继续疏通，首先开挖了（正河之外，辅助排涝的）子河。不料嘉靖二十七年（公元1548年）至二十九年（公元1550年），十多天连降暴雨，大水冲来，旋转成洞；波涛涌起，好像堤岸。石龙坝阻断流水，形同山谷；黄泥滩淤泥股积，好像竹节。沿池田地全无收成！池畔民众和离职回乡的滇籍官员们，都纷纷相约向总督、巡抚反映这一灾情。于是，云南巡抚、都御史吴兴人顾应祥、巡按御史莆田人林应箕、总兵官古濠人沐朝弼，共同在布政使和按察使等衙门商议，决定由右布政使南昌人刘伯跃负责总办。刘公和参政南充人谯孟龙、泰和人胡尧时；参议晋江人王时俭；按察副使乌程人张永明、长乐人林恕；佥事泽州人孟霦、内江人刘望之；都指挥佥事重庆人耿垚、成都人陈虋，都亲自前往灾区视察。这时临近冬至，春耕尚未开始。就命令云南府同知孙衣先向老百姓核实、发送粮饷，命令通判胡嵩、桂士元、安宁州同提举姚文、昆阳州同知詹法梁协助办理此事。其余分工人员还有照磨、典史、驿丞、河伯、巡检、千户长、百户长、义官之下二十人，各有差事。

嘉靖二十八年（公元1549年）十一月十八日开工。这时，前来参加工程的民工有七千多人。同月二十五日，开始挖掘、疏通原有子河，到十二月十五日，子河疏通完工。其分水大坝因工程繁重而未能全部完成，就先在子河的老堤上修筑小坝。同月二十四日，是土著人的星回节，小坝修成，暂时停工。到今年嘉靖二十九年（公元1550年）一月十日，（重新开工），参加工程的民工多至一万五千人，分别委以具体工作，发给铁锹之类的农具，乃至徒手挖掘，开始疏通正河。清除石龙坝的淤泥。又新修一条分流子河，它向南经平定铺，再到白沙河，再到白塔村，再到锅摆，再到新村，再到大河南堤的新村，再到北岸的沙锅村。每段以石块严密砌成，暂时空无流水。同时，建成泄洪堤坝九座。每坝开有"水窗"，使今后碎石、泥沙不至于堵塞。

分水大坝建成于（嘉靖二十九年，公元1550年）二月二十日，同时开启小坝，清除黄泥滩的淤泥。又在茶卜墩之下汇入子河的岸边，新筑堤坝，编为竹笼，笼内混装卵石黏土，如同四川都江堰所用的"蛇笼"一样，用以堵塞、减缓水势，也像治理黄河所用的"软滩嫩堰"之法。以石栏防范水流；靠沿县管紧河道。从耙齿山阻塞流沙，引滇池水进入分流子河，以解除黄泥滩的水患。总计从汉广到石龙坝，约三千二百多丈，落成于（嘉靖二十九年，公元1550年）三月十五日。全部完工后，拆除大坝放水，水流下安宁、富民，从各地沿滇池的出口流出，（使滇池水位下降），湖心突起。风吹涟动，滋润着分流子河沿岸九里之地；月落清溪，再无浊浪混杂的泥沙。碧浪清波，翻滚而来；洁净的沙洲和可耕的良田，也不断显现出来。

这一工程，正如前《记》所说："不付出一时的劳苦，则得不到长久的安逸；不采取果断的措施，则得不到永久的安宁！"此后，免除了一年一度的"小修"，不仅地临滇池的农民得以耕种其田，节省了抗洪的劳力；而且环滇池的军卫、州县，如"云南六卫"的军屯人家，以及安宁、易门两个守御所；如安宁、昆阳、晋宁、嵩明、新兴（今属玉溪市）五个州；如昆明、归化、呈贡、易门、罗次、禄丰、三泊（今属安宁市）、宜良八个县，都可以庆祝自己免除劳役的辛苦！工程完成，应当刻石纪念，传颂久远。

（朱端强／译文）

主要参考文献：

天启《滇志》

万历《云南通志》

新编《云南省志·水利志》

河海大学编纂《水利大辞典》

《中国水利百科全书》编委会编纂《中国水利百科全书》

昆明市水利局水利志编写小组编纂《滇池水利志》

碧峣精舍，杨慎（升庵）曾经讲学的地方　　（资料）

二·山色满湖能不醉（成就篇）

滇池被污染，成为昆明人心中的痛。缺乏水资源的昆明，随着城市的迅速膨胀，工业的快速发展和农业生产的集约化，污染负荷也迅速增加，直接导致了滇池的水体污染。为此，昆明也付出了惨重的代价，也使水污染和水资源的短缺成了制约昆明经济社会发展的重要因素。

滇池清，则昆明兴。

滇池治理的思路从“湖泊—城市—经济”三位一体化角度出发，统筹湖泊在城市中的定位，把滇池治理和整个城市发展联系起来，从顶层设计，改变原有治理思路，将滇池治理工作内涵由单纯治河治水向整体优化生产生活方式转变，工作理念由管理向治理升华，工作范围由河道单线作战向区域联合作战拓展，工作方式由事后末端处理向事前源头控制延伸，工作监督由单一监督向多重监督改进，保护治理由政府为主向社会共治转变。

治水，是环境综合整治的有机组成部分，是一项极为考验毅力和韧劲的宏大工程。滇池治理必定是一场艰苦卓绝、复杂严峻、旷日持久的战争，但在中央、云南省的大力支持下，在昆明市坚持不懈的奋斗下，在社会各界的共同努力下，美丽的滇池终将复苏。滇池治理这场战役，昆明，一定会获得最终胜利。

人鸥情深
（方明宗 摄）

不信东风唤不回：30 年滇池治理回顾

空中芭蕾 （钟官全 摄）

文 / 尹家屏

“五百里滇池奔来眼底，披襟岸帻，喜茫茫空阔无边”，这是清朝乾隆年间孙髯翁撰写《大观楼长联》时滇池的美丽写照。

30 多年前，随着环滇池人口增加和社会经济的不断发展，生产生活污水排放量增加与滇池自净力减弱的矛盾日益突出，滇池饱受污染之苦。从 20 世纪 90 年代开始，痛定思痛的昆明人发起了一场不见硝烟的“高原明珠保卫战”，采取多种措施积极开展滇池水污染防治工作。

今天，尽管滇池流域经济快速发展、城镇化率不断提高、城市人口不断增加，但滇池治理仍取得了阶段性成效，水质恶化的势头得到遏制，综合营养状态指数逐步降低，蓝藻水华暴发日期逐年推迟、持续时间逐年减少、发生面积逐年缩小，沿岸逐渐恢复清风拂面、莺啼柳荫的美姿，滇池这颗历史悠久的“高原明珠”正逐渐绽放出往日的光彩。

数十年风雨沧桑 美丽的“母亲湖”饱受创伤

滇池，中国第六大淡水湖泊，也是云南省面积最大的淡水湖泊，被誉为昆明的“母亲湖”。人们荡舟湖上、捕鱼拾菜，依滇池而居、靠滇池而生，滇池以母亲般的柔情，哺育了一代又一代的昆明人。

20 世纪 80 年代，经济发展的列车呼啸而来，生态文明建设意识的薄弱，环保设施的严重滞后，大量工业、生活污染物进入滇池。1988 年以后，草海水质总体变差，外海水质在Ⅴ类和劣Ⅴ类之间波动。水体富营养化导致蓝藻水华频繁暴发，1999 年，蓝藻水华覆盖面积曾达到 20 平方公里，厚度达到数十厘米，以滇池为水源的昆明市第三自来水厂也因蓝藻而被迫停产关闭。《全国环境质量变化分析》指出，滇池氮、磷污染严重，属于重度富营养化状态。因为严重缺水和污染，滇池完全丧失饮用水功能，1996 年“2258”工程开始启动，从昆明周边调水以解决饮水问题。“高原明珠”失去了原有的光彩，滇池成为春城人民心中难以言说的痛。

20 世纪 90 年代，一场不见硝烟的“明珠保卫战”在春城打响。党中央、国务院高度重视滇池治理工作，从“九五”规划开始，连续 4 个五年计划将滇池水污染防治工作纳入国家“三河三湖”重点流域治理规划，国家各相关部委从政策、资金、项目、技术等方面给予强有力支持。云南省委、省政府把滇池治理工作列为全省经济社会发展的全局性大事和生态文明建设的重点工程，尤其是“十一五”规划以来，进一步理清了治理思路，制定了中长期治理规划，以前所未有的重视程度和力度全面实施“六大工程”，成立省政府滇池水污染防治专家督导组，制定颁布《云南省滇池保护条例》。昆明市委、市政府把滇池治理当做全市经济社会发展的“头等大事、头号工程”，建立由市领导亲自挂帅、监督、指导的“河（段）长负责制”，认真组织开展实施各项治理工作，落实目标任务，全面推进滇池治理。

“滇池清、昆明兴” 20 余年“高原明珠保卫战”成效明显

20 世纪 80 年代末期，滇池治理萌芽已初显。1988 年，昆明市颁布了《滇池保护条例》；1990 年，成立了昆明市滇池保护委员会及其办公室；1991 年和 1995 年，昆明市第一、第二污水处理厂相继建成投入运行。

“九五”期间，昆明市关停取缔了“十五小”企

滇池外海 2009 年 （昆明市滇池管理局 供图）

滇池外海 2017 年 （赵伟 摄）

业，至2000年，列入省、市重点考核的399家工业企业实现达标排放；修建了第三、第四污水处理厂，污水处理能力合计达到每天36.5万立方米；完成了滇池草海底泥疏浚一期及继续疏浚工程，疏浚污染底泥640万立方米；采取蓝藻清除应急措施，打捞水葫芦，取缔网箱养鱼，开展盘龙江中段、大观河等河道综合治理工程；完成了草海人工出水口西园隧道工程；建成了昆明东郊、西郊垃圾卫生填埋场。

“十五”期间，2003年国务院确定了“污染控制、生态修复、资源调配、监督管理、科技示范”的滇池水污染综合防治方针，在此方针下，昆明市相继建成了第五、第六污水处理厂，呈贡、晋宁污水处理厂，并对第一、第二污水处理厂进行了改扩建，污水处理能力合计达到每天58.5万立方米；开展滇池草海底泥疏浚二期工程，疏浚污染底泥370万立方米；完成采莲河、盘龙江上段、明通河下段（大清河）、枧槽河、乌龙河、船房河综合整治；在官渡、西山、呈贡、晋宁及晋宁沿湖县区启动了湖滨生态湿地建设，完成了湖滨生态恢复与建设3.3平方公里，建成草海生态示范区3平方公里；开展雨水（污水）资源化利用、秸秆直接还田等科技示范；完善了《滇池流域产业结构调整》《滇池湖滨带调查与建设规划》等一系列滇池保护的政策及规划。

“十一五”期间，云南省提出了“环湖截污和交通、外流域调水及节水、入湖河道整治、农业农村面源治理、生态修复与建设、生态清淤”六大工程，加速污水处理厂及配套管网建设，完成主城区8座污水处理厂新建、扩建和升级改造，所有污水处理厂从一级B标升级到了一级A标，污水处理能力合计达到每天110.5万立方米；建设环滇池截污干渠工程，东岸、南岸截污干渠实现闭合贯通；在滇池湖滨33.3平方公里全面开展“四退三还一护”，首次实现“人退湖进”；建立“河（段）长负责制”，对36条出入滇池主要河道和支流开展综合整治，极大改善了河道周边环境；相继出台了《昆明市河道管理条例》，修订了《昆明市城市排水管理条例》；削减农业农村面源污染，开展滇池流域内重点集镇和村庄生活污水收集处理；实施底泥疏浚二期工程，在草海南部及外海、盘龙江、大清河入湖河口疏浚污染底泥370万立方米；加大滇池“封湖禁渔”力度，取消每年2个月的开湖捕鱼期，实施禁止燃油机动船入湖；启动“牛栏江－滇池补水工程”。

“十二五”期间，“六大工程”继续推进，建成市政排水管网3700公里，建成环湖截污主干渠（管）97公里；相继建成了第九、十、十一、十二等4座地埋式城市污水处理厂，新增日处理规模36万立方米，污水日处理能力增加到191万立方米；完成了17座调蓄池建设，可有效收集45.5平方公里的老城区合流制区域雨污混合水；2013年12月29日，牛栏江—滇池补水工程正式通水，每年可补水5.66亿立方米；继续对36条主要入湖河道及84条支流进行综合整治，坚持“河（段）长责任制”，河道污染程度持续减轻；深化实施“四退三还一护”及生态湿地建设，累计建成5.4万亩生态湿地，一期拆除滇池外海防浪堤43.12公里，增加滇池水域面积11.51平方公里；在滇池外海主要入湖河口实施第三期污染底泥疏浚工程，疏浚504万立方米污染底泥。在中国环保部发布重点流域水污染防治专项规划2014年度考核结果，滇池流域水污染防治规划2014年度实施情况顺利通过国家考核。

“十三五”实施两年来，建成市政排水管网5720公里，已建成运行的14座城镇污水处理厂处理能力达到149.5万立方米/日，环湖截污配套的雨污水处理厂10座，处理能力55.5万立方米/日，6座园区污水处理厂，处理能力达到12.5万立方米/日；开展36条主要入湖河道及部分支流沟渠综合整治；开展滇池内源治理，完成底泥疏浚1370万立方米。

通过20多年的不懈努力，滇池流域水环境、生态环境和水资源状况显著改善，水质企稳向好。2016年滇池外海和草海水质类别均由劣Ⅴ类好转为Ⅴ类，消

翔鸥逐浪　　（何辉　摄）

除了劣Ⅴ类，是20多年来滇池水质最好的一年。2017年，滇池全湖水质类别继续为Ⅴ类。滇池蓝藻水华程度明显减轻，全湖由重度水华向中度和轻度过渡，发生蓝藻水华的总天数大幅度减少。

“量水发展、以水定城”关乎城市生命线的“一把手”工程

滇池是昆明的生命线，滇池治理是整个城市转变发展方式的一面镜子。多年来，在党中央、国务院和省委、省政府的重视关怀下，历届昆明市委、市政府带领全市人民，把保护和治理滇池作为头号工程、头等大事，集中社会力量，集中各方智慧，对滇池流域水环境进行了系统治理，扎实抓好各项工作落实，效果明显。新一届市委提出了要牢固树立“量水发展、以水定城”的理念。所谓量水发展、以水定城，就是根据水资源量和滇池保护治理的需要，对城市规划建设管理提出更严厉的约束条件，合理控制城市规模。“量水发展、以水定城”的理念的提出，有机结合了习近平总书记关于保障水安全问题的重要讲话精神和昆明的具体“水情”，在新的高度上为新时期昆明水资源利用、水环境保护和滇池治理工作提出了新要求，明确了新思路，指明了新方向，充分体现了市委、市政府打赢滇池治理攻坚战、保证昆明水环境安全的坚定决心和信心。

治水，是生态环境综合整治的有机组成部分，是一项极为考验毅力和韧劲的宏大工程。滇池治理必定是一场艰苦卓绝、复杂严峻、旷日持久的战争，但在中央、云南省的大力支持下，在昆明市坚持不懈地奋斗下，在社会各界的共同努力下，往昔的滇池终将复苏，滇池终将会以生态之湖、景观之湖、人文之湖的美丽新姿展现在世人面前。

（作者系昆明市滇池管理局局长）

一座湖的顶层设计：从大纲到规划

文 / 葛敬

建设生态文明是中华民族永续发展的千年大计。滇池治理坚持从“一座湖”顶层设计开始，以中央层面规划为指导，增强设计的刚性，注重以人为本，构建从规划、设计、建设到运营的全生命周期的技术生态圈。根据实际情况采取行动，在全面实施《滇池流域水环境保护治理“十三五”规划》的基础上，按照“科学治滇、系统治滇、集约治滇、依法治滇”的治理思路，全面贯彻“十九大”提出的“构建政府为主导、企业为主体、社会组织和公众共同参与的环境治理体系”的治理理念，全面深化滇池治理系统工作。

治理思路

滇池治理的思路，做到规划先行，政策配套，模式创新，管理统筹。城市管理是一个系统工程，河湖治理属于城市管理重要组成部分，滇池又居于重中之重，所以滇池治理必须从系统角度考虑，充分发挥滇池治理的顶层设计作用，为未来城市发展、经济发展奠定基础。

滇池治理的思路从“湖泊—城市—经济”三位一体化角度出发，统筹湖泊在城市中的定位，把滇池治理和整个城市发展联系起来，从顶层设计，改变原有治理思路，将滇池治理工作内涵由单纯治河治水向整体优化生产生活方式转变，工作理念由管理向治理升华，工作范围由河道单线作战向区域联合作战拓展，工作方式由事后末端处理向事前源头控制延伸，工作监督由单一监督向多重监督改进，保护治理由政府为主向社会共治转变。

美景滇池畔　　（刘云　摄）

滇池治理以水质持续改善和提升为核心，以提升城市面源、雨季合流污染控制为重点，以入湖主干河道及支流沟渠治理为抓手。针对目前滇池保护治理存在的主要问题，在滇池水环境保护“十三五”规划的基础上，依据昆明市地方标准《昆明市城镇污水处理厂主要水污染物排放限值》，对入湖河流进行水质和总量削减双指标考核，开展污水处理厂提标改造工程，鼓励对雨季溢流污水进行强化处理，完善流域截污治污系统。强化流域范围内水质水量的统筹调度与监督管理，优化流域健康水循环，提升湿地生态环境效能，完善湿地布水连通系统，发挥湿地生态净化功能。削减湖体污染负荷，修复湖体生态系统，强化技术创新和管理创新，实现流域水环境治理和管理的系统化、精准化和智能化，积极营造全民参与氛围，实现滇池全社会共治。

治理路径

滇池治理以“科学治滇、系统治滇、集约治滇、依法治滇”为指导，以科学研究为支撑，以工程措施为手段，以管理措施为保障，以生态恢复为目的，系统开展滇池综合治理工作。通过调查研究、量化分析实现精准治污和科学治滇，将滇池治理纳入城市建设与管理体系，实施产业结构调整，构建截污治污系统、健康水循环系统、生态系统、精细化管理系统，城市网格化管理实现系统治滇。综合应用污染源头控制、河道综合整治、河口末端治理以及河道管网、污水处理厂、环湖截污系统、雨污调蓄系统联动运行实现集约治滇池。完善陆域和湖体监测体系、深化河长制、加大联合执法力度、排放标准法定化、提升《云南省滇池保护条例》执行效能、健全考核体系，实现依法治滇池。

滇池治理坚持长远谋划，顶层设计的原则，充分认识治理的复杂性、艰巨性和长期性，进一步转变治理思路，建立健全市级与区县、市级各部门间、管理部门与科研单位间的联合调度机制。加强对雨季面源与雨污合流溢流污染控制，加快推进海绵城市建设，削减城市面源污染负荷。坚持问题导向，目标倒逼，量化考核，严格考核重点河道及入湖口的蓝藻暴发的总磷、总氮等关键性因子，采取控制城市面源和雨季合流污染、治理入湖主干河道及支流沟渠、完善流域截污治污系统、优化流域健康水循环、提升湿地生态环境效能等一系列措施，努力实现滇池水质目标与总量削减目标，确保2020年滇池水质稳定达到IV类水标准。

滇池综合管理信息平台示意图　　（葛敬　供图）

治理技术路线

滇池治理技术路线以科技创新和科技支撑为作用，综合运用工程技术、生物技术、信息技术、自动化控制等各种技术手段，切实提高滇池保护治理的效率和科学化水平，实现流域水环境治理全过程量化与精细化管理，实现智慧水环境管理。进一步完善“智慧城市”管理体系，对滇池治理工作提供完善的保障措施，加强组织领导，配套政策保障、资金保障，严格考核，完善评价指标体系，形成滇池保护治理社会共治，全面深化河长制，深入落实生态补偿机制等滇池治理各项工作，营造滇池保护治理的良好舆论氛围和社会氛围。

生态文明建设功在当代、利在千秋。按照党的十九大提出的“到2020年，坚决打好污染防治攻坚战”的目标和主题，践行绿水青山就是金山银山的理念，像对待生命一样对待生态环境。加强顶层设计，进行系统治理，统筹山水林田湖草系统治理，形成绿色发展方式和生活方式，充分认识滇池保护治理的长期性、艰巨性、复杂性，树立打好攻坚战和持久战的决心、信心、耐心。坚定走生产发展、生活富裕、生态良好的文明发展道路，建设魅力滇池、美丽中国，为人民创造良好生产生活环境，成为全球生态文明建设的重要参与者、贡献者、引领者。

（作者系昆明市滇池保护治理“三年攻坚”行动指挥部技术总顾问）

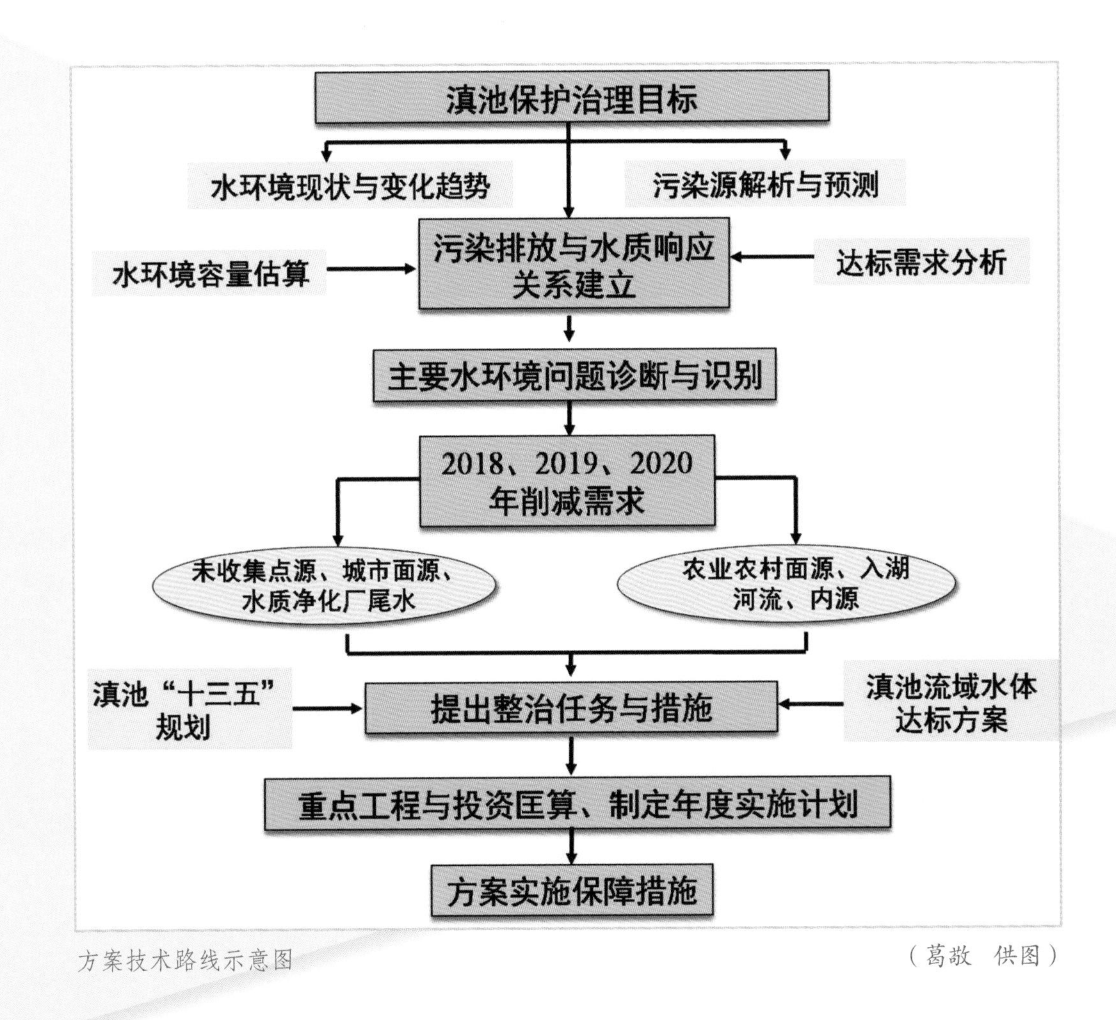

方案技术路线示意图　　（葛敬　供图）

神奇古滇 （郑林 摄）

从滇池水域变迁看治理理念的转变

文 / 杜劲松

滇池古称滇南泽，又名昆明湖。《水经注》载“北郡有池，周围二百余里，水源深广，末更浅狭，有似倒流，故曰滇池”，意为“坝子中的湖泊”。滇池水域历史变迁既是自然地质构造活动的结果，更与人类活动密不可分。分析研究滇池水域历史变迁与人类活动的关系，更能清晰地看出人们对待自然及治理湖泊理念的转变。

滇池湖泊形成于340万年前。古滇池曾经是一个湖水很深的大湖，水位比现在高出100米左右，水面积约1260平方千米，蓄水量约846亿立方米；北起松华坝、西到大普吉、南至晋宁十里铺，湖水向南流入玉溪盆地。古滇池湖水从晋宁西南部的宝峰乡经玉溪市的刺桐关西南的海口流入红河。之后受地质构造运动的影响，湖盆被河流切穿，改变水系和流向，滇池出流改道从海口向西流入金沙江。演变到唐宋时，滇池水面面积约有510平方公里，南北长约45公里，湖泊容积为18.5亿立方米。现在主城区的马街、黄土坡、潘家湾、小西门（翠湖）、三市街、董家湾、官渡古镇等地均紧邻滇池水岸。唐南诏时修建的东、西寺塔、古幢公园均处于湖滨。这段历史时期，滇池的水域变化主要受地质构造运动等自然因素左右，人类对自然是天生的敬畏，人类活动对滇池的影响较小。

元、明、清朝的农业文明时期，人们对水和滇池，心存敬畏和依赖；防治洪涝灾害，谋取更多土地是这一时期的头等大事。

元朝初至元十二年（1275 年），云南平章政事赛典赤下令疏挖海口河，湖水顺畅排出，湖面下降，得良田“万余倾”。该时期的滇池水域面积约为 410 平方公里，南北长约 43 公里，湖岸线长 180 公里，湖泊容积为 17 亿立方米。元代，滇池北岸在今德胜桥、弥勒寺、黑林铺一线，洪化桥确有桥；大船航运能达到如今的德胜桥。

明朝弘治十五年（1502 年），巡抚陈金调集军民夫卒 2 万人，疏浚海口河。“于是池水顿落数丈，得池旁腴田数千顷”。明朝时期滇池水域面积为 350 平方公里，南北向长为 42 公里，湖岸线长 171 公里，库容积约 16.8 亿立方米。当时的土堆、倪家湾、潘家湾一带为滇池水岸。

清朝疏浚海口河工程次数较多，其中雍正九年（1731 年）的工程，把梗塞在海口河中的牛舌滩、牛舌洲和老埂挖掉。道光十六年（1836 年）筑屡丰闸，以闸代坝，用来控制、调节滇池水位。据史料推算，清朝时期滇池水域面积为 320.3 平方公里，湖岸线长 164 公里，库容积 16 亿立方米。清代，北部湖水边线退至今人民西路至岷山公路以下，土堆村是在滇池水边，但建于 1696 年的大观楼还是水中小岛。清朝中叶草海与外海间的海埂逐渐露出水面。

近现代，随着工业文明和城市建设的推进，对滇池流域水资源和土地资源的开发利用成了经济社会发展最重要的保障。人们提出“人定胜天，向滇池要粮”，因此，在滇池大肆围湖造田，修建防浪堤；同时，短时间内在滇池流域就建设了大批水库，滇池沿岸建设了众多自来水厂和抽水站，流域水资源开发利用程度高达 151%，远远超过国际公认合理开发 40%的上限。

中华人民共和国成立前，滇池水域与清朝时期基本相近。然而，1958 年修筑海堤和 1970 年实施围海造田工程，围垦出“农田”3 万余亩，占去湖泊水面 23.8 平方公里；自 1958 年起至 1988 年，官渡、西山、呈贡、晋宁 4 县区共筑滇池防浪堤 113.147 公里，原来为滇池水域的地方，被人为改造成农田和村庄。根据 1988 年颁布的《滇池保护条例》，滇池水域面积变为 309.5 平方公里，库容积为 15.6 亿立方米。这段时期，滇池水域发生了显著变化，现代滇池基本定格；人类活动对滇池湖泊生态系统的打击是致命的，把原本是滇池湿地的地方改为了农田，使滇池失去了天然的屏障。随着城市的迅速膨胀，工业的快速发展和农业生产的集约化，污染负荷也迅速增加，直接导致了滇池的水体污染。为此，昆明也付出了惨重的代价，也使水污染和水资源的短缺成了制约昆明经济社会发展的重要因素。

21 世纪后，滇池进入了科学治理、系统治理的阶段。人们认识到应该敬畏、尊重自然，开展了退田（塘）还湖还湿地，让滇池休养生息。2008 年以来，在滇池外海湖滨一级保护区 33.3 平方公里范围内全面实施“四退三还一护”（退田还湿、退塘还湖、退人退房、还林护水）生态建设工程，完成退塘退田 3000 公顷、退房 152.1 万平方米、退人 2.6 万人，拆除防浪堤 43.14 公里，新增加滇池水域面积 11.51 平方公里，建成湖滨生态湿地 3600 公顷。历史上首次出现“湖进人退”，流域生态状况明显改善，一些消失多年的海菜花等水生植物、金线鲃等土著鱼类、彩鹮等珍稀鸟类重新出现。

从滇池流域社会经济发展与滇池的变迁来看，基本是一个“城进湖退，水退田进”的过程。滇池水域变迁有湖泊自然演化、地层运动等自然的原因，但是，人们对自然的认知和所采取行动的影响也是不容忽视的，尤其是在“人定胜天，向滇池要粮”思想的指引下，所实施的围海造田和防浪堤修建等，对滇池造成的必然是毁灭性的打击。

然而，进入 21 世纪后，人们认识到应该敬畏、尊重自然，滇池进入了科学治理、系统治理的阶段，首次实现了“湖进人退”，这是值得欣慰的转变，也终将得会到自然的回馈。

（作者系昆明市滇池生态研究所所长）

环湖截污工程

文 / 王海玲

环湖截污，是削减入湖污染物最直接、最根本的措施。从“十一五”规划开始，环湖截污工程作为“六大工程”之一，连续被纳入滇池流域水污染防治五年规划，工程开展实施至今，滇池及其水系周边已建成 97 公里的截污主干渠、22 座水质净化厂、17 座雨污调蓄池，“母亲湖”周边筑起了一张巨大的入湖污染物“拦截网”。

环湖干渠（管）构建治滇最后屏障

20 世纪 60 年代，滇池草海和外海水质均为Ⅱ类水，70 年代为Ⅲ类水，70 年代后期水质逐渐恶化。滇池位于城市下游，入湖河道穿过人口密集的城镇、乡村。20 世纪 90 年代之前，昆明甚至没有一座水质净化厂，环保基础设施建设严重滞后，加之昆明全市的社会经济围绕着滇池流域大力发展，长期以来，大量工业、农业、生活、面源污染物未经处理，便由地下管网、入湖河道进入滇池流域，造成滇池水质迅速恶化。1988 年时，滇池草海水质总体下降至劣Ⅴ类，外海水质在Ⅴ类和劣Ⅴ类之间波动。

2008 年 4 月 15 日，云南省政府召开滇池环湖截污工程现场办公会，要求全力实施好环湖截污工程项目建设，最终彻底截断污水直排滇池的渠道。2009 年 5 月 7 日，国家发改委、环保部、住建部、水利部批复《滇池流域水污染防治“十一五”规划补充报告》，将环湖干渠（管）截污工程作为“六大工程”之一列入“十一五”期间实施。

第七污水处理厂鸟瞰图

污水处理设施

截污干管

南岸截污干管建设中

环湖截污工程（埋设箱函）

作为截污和处理进入滇池污水的最后一道屏障，滇池环湖截污工程由环湖东岸、南岸干渠截污工程和环湖北岸、西岸截污完善（干管）工程四大部分组成，工程总投资达到55亿元。

“在滇池边进行这么浩大的工程，施工难度很大，这也是首次在中国内陆湖泊进行大规模截污工程，没有成熟经验可以借鉴。”一位当年参与工程的执行者告诉笔者，建设时，环湖截污干渠（管）设计按照“因地制宜，管渠结合，分片截污，就近处理”的原则，针对环湖四面不同的具体情况采取不同的截污措施：滇池北面基本为主城建成区，环湖北岸截污充分利用滇池北岸水环境综合治理工程沿湖建设的污水收集干管；西面濒临西山，未来发展空间有限，西岸截污除南北两段利用高海公路沿线建成的截污干管外，仅中段新建截污干管；东面、南面地势开阔，是昆明城市未来发展的新高地，东岸、南岸截污修建起大规模的截污干渠。

2010年，经过3年不懈的努力，滇池环湖截污工程主体工程基本完工，总长97公里的截污主干渠（管）从东南西北四个方面全面拦截入湖污水。

22座水质净化厂日处理191万立方米污水

为了配合和完善滇池截污工程，按照“管渠结合、有缝闭合、分片截污、就近处理”的原则，环湖截污工程除了建设截污主干渠（管）外，还大力新建水质净化厂、雨污排水管网、雨污调蓄池。

1991年，昆明市第一座水质净化厂建成投入运行，如今，滇池周边已建起22座水质净化厂。东郊虹桥立交桥旁边的方旺片区，一片安置房正在建设。几栋高层安置房中间有一块占地不小的绿地，与周边长廊的搭配十分养眼。这片绿地下方就是昆明市第十一水质净化厂，走进这座水质净化厂，每个人都会误认为走进了一个漂亮的公园，厂区树木郁郁葱葱，红花绿草相得益彰，污水经过一系列的工艺处理，流进来时又臭又混浊的水变成了白花花的清水，此外，开放式的厂区还为片区入住居民提供了宽敞的休闲空间。

与第十一水质净化厂一样，“十二五”期间，昆明市相继建成的第九、十、十一、十二等4座地埋式城市水质净化厂，新增日处理规模36万立方米，使城市污水处理厂达到12座。此外，还有10座环湖截污主干管渠配套雨污混合污水处理厂。“‘十五’末时，全市的污水日处理能力只有55.5万立方米，经过这些年的建设，处理能力和技术设备经过加强取得了突破，目前，昆明市的各家污水处理厂日处理量总量已达到191万立方米，在全国来说，无论是处理量、技术、工艺上，在全国的同行业中都是佼佼者。”据昆明滇池投资有限责任公司相关负责人介绍，只要是昆明市内能收集到的雨水和污水，目前水质净化厂都能按质按量进行处理，出厂尾水可达国家一级A标准。

20世纪90年代末时，整个昆明城内只有百余公里市政排水管网。2007年以来，先后实施了主城雨污分流支次管网工程和二环路外排水管网完善工程，建设雨污排水管网654.6公里，同时，随着昆明市主城道路建设及片区开发，新建成2100公里雨污排水管网。在此8年间，昆明主城区所建设的雨污排水管道甚至超过了前50年的建设总量。如今，4600余公里长的雨污排水管网、总长11000公里的庭院排水管网及500公里长的再生水管网遍布城市地下每一寸土地，使污水到水质净化厂之间有了通道。昆明市政排水管网累计达到5569公里，旱季的主城建成区的污水收集率达到92%，流域污水收集率达到75%。2017年，市政排水设施还实现了“一城一头一网”统一维护管理。

在排水管网不断建设的基础上，昆明市完成了17座雨污调蓄池，可有效收集45.5平方公里的老城区合流制区域雨污混合水，使昆明成为全中国拥有雨污调蓄池数量多，蓄水能力最强的城市。

据统计，2014年滇池流域点源污染负荷削减量为化学需氧量86151吨、总氮11182吨、总磷1407吨、氨氮7665吨，点源污染负荷削减量约占78%，入湖量只占22%左右。

从环湖截污工程开展实施至今，通过片区截污、河道截污、集镇及村庄截污、干渠干管截污，至“十二五”收官即2017年底，昆明已建设起可最大限度截流片区点源、城市面源、农村面源污水的整套工业、生活污水收集、处理基础设施及配套管网，经处理过的污水经河道、湿地进入滇池，极大削减了入湖污染负荷。

（作者系昆明滇池投资有限责任公司总工程师，本文图片由作者提供）

昆明市第一污水处理厂

农业农村面源治理工程

滇池流域农田径流减污控污示范区

文 / 王正明

长期以来，由于滇池流域周边的畜牧养殖和不合理的使用农药、化肥，对滇池造成了不同程度的农业面源污染，不仅给农业生产和农民生活带来隐患，更直接关系到滇池水体质量和昆明市农业的可持续发展。对此，昆明市调整滇池流域农业产业结构，全面禁止规模化畜禽养殖，在滇池流域“禁花减菜”，同时采取一系列有效措施，全力治理滇池的农业面源污染。

调整产业结构

为从源头上根治滇池流域农业面源污染，昆明市对滇池流域农业产业结构进行了战略性的调整。一是畜牧业基本退出滇池流域，二是蔬菜花卉等招牌产品也逐步退出滇池流域，向市内其他地方转移。

牲畜禁养

为了有效控制畜禽粪便对水环境的污染，昆明市在滇池流域开展了全面禁养工作。首先是划定了禁养区，昆明主城城市规划区620平方公里范围内；呈贡区城市规划区160平方公里范围内；滇池水体及滇池环湖公路面湖一侧区域（含湖面）；36条出入滇河流及河道两侧各200米范围内；除主城规划控制区、呈贡新城规划控制区以外县（市）区的城区规划建城区范围及流经县（市）区城区的河流及河道两侧各200米范围内实施全面禁养。全市共涉及17个县（市）区（含经开区、高新区、滇池旅游度假区）、74个乡镇（街道办事处）、440个村（居）委会、涉及养殖户50908户，畜禽存栏865.77万头（只）。

同时划定集中养殖区域，实行畜禽相对集中饲养。结合全市农业"北移东扩"的发展战略，划定以东川、寻甸、嵩明、禄劝、富民北部5县（区）作为主要集中养殖区域，接纳从禁养区搬迁的规模畜禽养殖场（户），保障全市畜牧业生产持续稳定发展和畜产品有效供给。

在畜禽粪便资源化利用方面，重点在规模畜禽养殖场（户）饲养场地建设清污分流、污水沉淀池、沼气池、贮粪间等污水处理设施，统一对污水、粪尿进行集中处理，沉淀后的液态物质用于种植作物的灌溉，降低对环境的污染。

禁花减菜

实施"东移北扩"工程，加快蔬菜花卉区域结构调整。滇池流域以外区域，大力发展无公害蔬菜标准化生产基地和花卉标准化基地建设，原来布局在昆明城郊（滇池流域）的蔬菜花卉是昆明市的招牌产品，为了有效治理好滇池，最大限度减少农业面源污染，同时将这一产业优势继续做强做大，昆明市提出了"东移北扩"战略，在滇池流域实行"禁花减菜"工程，将这些产业转移到东部和北部县区。目前已完成主要产业的转移，大量蔬菜、花卉被转移到了安宁、嵩明、寻甸、宜良、石林等县区。基本实现了在滇池流域"禁花减菜"、产业"东移北扩"的目标。

为了承接和发展昆明市都市型现代农业，昆明市根据产业布局，加快现代农业园区建设。按照"龙头企业园区化、园区产业化、产业集群化"的思路，规划建设了8个市级重点农业园区，规划面积50万亩，占全市耕地面积的10%。

例如，将从事农副产品加工的企业优先吸引放入园区，在晋宁、宜良园区建立农产品精深加工中心；石林台创园入驻企业项目涵盖种、养、加工、高端技术等领域，形成了以锦苑花卉为主的花卉园区，以爱生行为主的生物产业园区，以春喜集团为主的科技孵化园区，以圣火为主的中药文化园，以新天、圣宴为主的农产品加工园，初步构建了园区发展新格局，起到了加快都市型现代农业发展的"火车头"作用。

五大项目多管齐下

"十二五"期间，在省市"一湖两江"专家督导组的指导下，昆明市针对滇池面源污染开展了五大治理项目，分别是农业有害生物综合防治（IPM）、畜禽粪便资源化利用、农业有机废弃物资源化利用、测土配方施肥项目和农田面源污染综合控制示范项目。目前，前3个项目已于2014年底完成各项建设任务，并通过了验收，后两个项目正在推进过程中。

农业有害生物综合防治（IPM）

"十二五"期间，全市计划在滇池及补水区流域有效控制高毒高残留农药的合用，推广有害生物综合防治（IPM），将病虫害控制在经济允许水平之下，保证农作物优质、高产、稳产，提高经济、生态和社会三大效益。2011至2014年在滇池流域及补水区主要农作物种植区共建设IPM示范村（园区）共42个，推广辐射IPM技术200010亩，农民田间学校44所，植保专业化防控组织31个，防虫灯设施1689个，建设农药废弃物收集池426口。

农业有机废弃物资源化再利用

对于农业有机废弃物的资源化利用，昆明市目前在滇池流域、补水区及农业产业承接区完成秸秆还田

新建的农村垃圾收集间

农村生活污水收集处理

共50万亩，完成双室堆沤池建设2180口，完成加工生物燃料颗粒玫瑰秸秆3000吨、油菜秸秆5000吨，对滇池及草海片区明波地块、外海白山湾、芦柴湾等处的水葫芦进行采收、晾晒、加工处理32000吨。

畜禽粪便资源化利用

畜禽粪便资源化利用对于防止和消除养殖场畜禽粪便的污染，保护生态环境，具有十分重要的意义。项目从2011年开始实施，各子项目都严格按初步设计方案（项目实施方案）开展建设，获国家批准的云南省昆明羊甫联合牧业有限公司生态畜牧小区1968立方米、云南农生种猪科技有限公司种猪场809立方米、昆明广旭宇畜牧有限公司600立方米、云南海潮集团天牧肉生产业有限公司850立方米4个项目都已于2014年10月前全部建成投入使用。此外，昆明市立项的多个项目也已建成投入使用。

测土配方施肥

测土配方施肥是以土壤测试和肥料田间试验为基础，根据作物需肥规律、土壤供肥性能和肥料效应，在合理施用有机肥料的基础上，提出氮、磷、钾及中、微量元素等肥料的施用数量、施肥时期和施用方法。通俗地讲，就是在农业科技人员指导下科学施用配方肥。昆明市自2007年在滇池流域开展测土配方施肥工作，从源头上削减了水源区的氮、磷污染负荷，减轻了农业面源污染。截至2015年10月31日，累计完成测土配方施肥达224.225万亩。基本实现了控氮、减磷，节本增效的目的。

农田面源污染综合控制示范工程

2013年，滇池流域农田面源污染综合控制示范工程在晋宁县上蒜镇安乐村启动，该项目集成农田污染负荷削减技术、农田径流污染控制技术、农田废水收集与处理技术、少废农田工程技术及农田废弃物低成本综合处置技术等，构建连片农田面源污染控制体系，并通过万亩大面积工程示范，取得降低连片农田面源污染的效果。工程完成后，示范区农田径流氮磷流失降低30%以上，减少农田氮磷肥施用20%以上，农作物秸秆废弃污染物排放量削减35%以上，示范区域农业综合效益增加10%。示范工程的建设，将为未来在滇池流域大规模推广农田面源污染综合控制工程，提供经验和范本。

（作者系昆明市农业局干部，本文图片由作者提供）

生态修复与建设工程

文 / 韩亚平

实施滇池环湖生态修复与建设工程，开展湖滨生态系统的恢复与建设，进行湖滨湿地和湖滨林带建设，形成水陆间的有效缓冲区，对于丰富湖滨生物多样性、逐步改善滇池水质、健全湖泊生态系统具有非常重要的战略意义。

2002 年云南省第九届人民代表大会常务委员会第二十六次会议批准了《昆明市人大常委会关于修改<滇池保护条例>的决定》。修订后的《滇池保护条例》明确规定滇池正常高水位 1887.4 米水位线向陆地延伸 100 米至湖内 1885.5 米之间的区域（防浪堤外延 100 米）为湖滨带，该面积约为 15.3 平方千米，属滇池水体保护范围，其间不得有围湖造田、围堰养殖及其他侵占或缩小滇池的行为，只能进行有关湖滨湿地恢复的生态建设工作。

2003 年 4 月初，昆明市委托清华大学牵头联合编制了《环滇池生态保护规划》，全面分析了滇池流域的生态系统、水资源平衡、土地资源承载力、水环境容量、水污染控制能力和生态环境承载力等状况，规划建设结构合理、功能协调的区域生态系统，在城市发展的同时注意增强流域生态保护能力，改善生态环境，按照实现经济发展与环境保护双赢的新发展模式，提出滇池流域的生态保护总体战略决策。经专家评审后，2003 年 12 月 26 日该规划获昆明市人民政府批准实施。

为了更好地指导滇池生态湿地建设，在《环滇池生态保护规划》的框架下， 2004 年 11 月昆明市组织完成了《滇池湖滨生态湿地建设控详规》，对滇池湖滨自然、社会、经济和环境等现状进行进一步详细调查，并对社会经济发展的污染负荷和环境承载能力及规划区内的社会经济、产业布局、自然条件、防浪堤拆除、人口搬迁等要素进行研究；在此基础上确定湿地建设规模，明确湿地建设界线和各片湿地类型，提出建设资金的筹措方式和相关的政策

2008 年前的滇池湖滨状况（韩亚平　供图）

“四退三还”之后的滇池湖滨状况（韩亚平　供图）

保障体系。

2008年，昆明市按照工程建设程序组织完成了《滇池外海环湖湿地建设工程可行性研究》，提出以滇池环湖生态建设为核心，范围为滇池保护界桩向陆地外延100米为实施范围，总面积为约33.3平方千米（50000亩）。开展“四退三还一护”（即通过退塘、退田、退人、退房，实现还湖、还林、还湿地、护水），建设湖岸亲水型湿地和湖滨林带，同时，在有条件的湖岸，逐步拆除防浪堤，逐步健全和完善滇池湖滨良性生态系统。

经过近七年的多部门、多系统、全面和扎实的调研、规划、论证和设计等前期工作，作为滇池保护治理近二十年来重点实施的“六大工程”之一，滇池生态修复与建设工程具备了坚实的理论基础和丰富的实践支撑。

2008年7月2日和4日，昆明市政府常务会和市委第55次常委会最终审定通过了以滇池保护界桩外延100米为滇池外海环湖生态修复的核心区（约50000亩）的湿地建设方案，通过退塘、退耕、退人、退房，实现还湖、还林、还湿地，结合湖内湿地恢复，建设湖岸亲水型湿地和湖滨林带。以此为标志，一场以首先进行“两退两还”（退塘、退田和还湿、还湖），然后开展“四退三还”（退塘、退田、退人、退房和还湿、林、还湖）为标志的滇池湖滨生态修复与建设工程会战在滇池湖滨全面展开。

滇池环湖生态建设工程平面图　（韩亚平　供图）

退塘退田

滇池位于流域的最低处，沿岸区域农业发达，人口集中，而且滇池湖滨的土地利用形式多为蔬菜、花卉种植，以及用作鱼塘养殖，各种形式的农业生产已成为湖滨区的主要人为活动景观。农村面源污染点多面广，对其有效治理一直是缺口，对沿湖村镇的生活污染缺乏有效控制对策，因此多年以来湖滨区的农村生活污水、绝大多数生产性固体有机废弃物直接排放，最终进入滇池水体，成为滇池的常年持续性污染源。

为了从根本上改变这种状况，2008年昆明市滇池

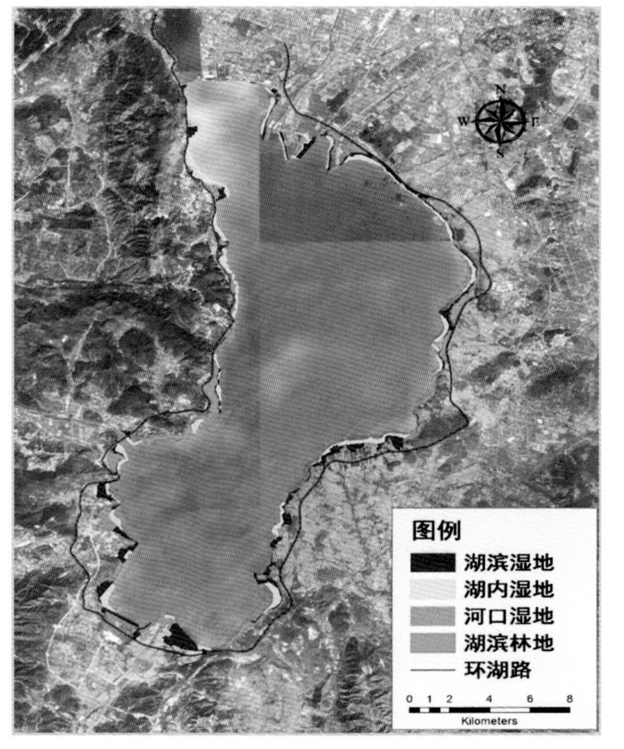

滇池湖滨环湖湿地建设类型分布图　（韩亚平　供图）

流域水环境综合整治指挥部办公室制定并下达了《滇池环湖生态建设两年闭合实施方案》和《滇池外海“两退两还”生态建设实施方案》，自2008年年底开始，以沿湖各县区为主在滇池保护界桩向陆域外延100米范围内开展了大规模的退塘、退田行动。

滇池环湖生态建设类型及规模任务情况(单位：亩)

西山区片区，湖内湿地3500亩，湖滨湿地1800亩，湖滨林带11300亩，合计16600亩；

官渡区片区，湖内湿地2560亩，湖滨湿地3440亩，湖滨林带2000亩，合计8000亩；

呈贡县片区，湖内湿地1400亩，湖滨湿地2900亩，湖滨林带2200亩，合计6500亩；

晋宁县片区，湖内湿地3000亩，湖滨湿地12500亩，湖滨林带3400亩，合计18900亩；

合计片区，湖内湿地10460亩，湖滨湿地20640亩，湖滨林带18900亩，合计50000亩。

经统计，“十一五”期间滇池周边沿湖各县区采用一次性补偿及租用等方式共计完成“两退两还”总面积约3万亩（含集体用地，但不含湖内湿地及部分湖滨陡岸带面积）。

退人退房

自1949年以后，随着滇池流域水利工程建设和防洪标准的提升，滇池周边长期存在的“水患”问题逐渐减轻，特别是20世纪70年代大规模开展的“围海造田”以后，滇池湖滨不仅有农民居住，同时也是部分中央、省、市属企、事业单位的所在地（详见：滇池湖滨“四退三还”范围内中央、省、市属企、事业单位统计表）。

滇池湖滨“四退三还”范围内中央、省、市属企、事业单位统计

1.县（区）：西山区，单位名称：武警黄金十支队，占地（亩）：65亩；

2.县（区）：西山区，单位名称：78145部队，占地（亩）：70亩；

3.县（区）：西山区，单位名称：云南新华印刷五厂（原7217工厂），占地（亩）：27亩；

4.县（区）：西山区，单位名称：云南国资水泥海口有限公司，占地（亩）：119亩；

5.县（区）：西山区，单位名称：云南省工人疗养院，占地（亩）：615亩；

6.县（区）：西山区，单位名称：云南省交通疗养院，占地（亩）：410亩；

7.县（区）：西山区，单位名称：昆明市滇池渔政处山邑村检查站，占地（亩）：1亩；

8.县（区）：西山区，单位名称：高海公路管理处收费站，占地（亩）：1亩；

9.县(区)：西山区，单位名称：昆明市工人疗养院，占地（亩）：52.5亩；

10.县(区)：官渡区，单位名称：昆明艺术职业学院，占地（亩）：194.6亩；

11.县（区）：官渡区，单位名称：云南省委机关印刷厂，占地（亩）：13亩；

12.县（区）：官渡区，单位名称：第五自来水厂罗家营分厂，占地（亩）：40亩；

13.县（区）：晋宁县，单位名称：云南省监狱管理局农业科学研究所，占地（亩）：338.5亩；

14.县（区）：晋宁县，单位名称：云南省第一女子监狱，占地（亩）：3550亩；

15.县（区）：晋宁县，单位名称：云南省警察协会培训基地，占地（亩）：105亩；

16.县（区）：晋宁县，单位名称：云南省公安边防总队农场，占地（亩）：105亩；

17.县（区）：晋宁县，单位名称：昆明化肥有限责任公司滇池提水泵站，占地（亩）：4.3亩；

18.呈贡县，单位名称：无，占地（亩）：1亩；

19.度假区，西山区，单位名称：无，占地（亩）：1亩。

滇池美景　（杨峥　摄）

在“两退两还”的基础上，按照昆明市委、市政府关于“一湖三环，两年闭合”的要求，自2009年起借鉴《无锡市征用土地补偿和被征地农民基本生活保障的办法》，参照《昆明市城镇房屋拆迁安置管理办法》，市政府出台了《滇池湖滨“四退三还一护”生态建设工作指导意见》，明确相关政策措施，重点实施“退人、退房”工作。

2009年2月25日昆明市滇池流域水环境综合治理指挥部办公室下达了《关于统计上报滇池外海保护界桩外延100米范围内建（构）筑物和人口的通知》，对环湖生态建设范围内的人口及建（构）筑物进行摸底排查，同时对滇池湖滨“四退三还”范围内中央、省、市属企、事业单位进行调查统计，其后下达了滇池沿湖县（区）“退人、退房”任务。

滇池沿湖县（区）“退人、退房”任务表

县（区）：旅游度假区，退人（人）：3300人，退房（万平方米）：17万平方米，备注：无；

县（区）：西山区，退人（人）：8700人，退房（万平方米）：60万平方米，备注：高海路以东；

县（区）：官渡区，退人（人）：1200人，退房（万平方米）：4.5万平方米，备注：无；

县（区）：呈贡县，退人（人）：1100人，退房（万平方米）：6.4万平方米，备注：无；

县（区）：晋宁县，退人（人）：11200人，退房（万平方米）：50万平方米，备注：无。

滇池沿湖的“退人、退房”工作采用货币安置、实物安置、企业搬迁等方式进行。经统计，截至“十二五”末，滇池湖滨共完成退房145.3万平方米，退人25000人，共搬迁省属及驻昆部队单位4家、市属、县（区）属及以下企事业单位46家。

湿地恢复与建设

经过各级、各部门历时8年之久的艰辛努力，至“十二五”末，昆明市在滇池湖滨带通过湖内湿地、湖滨湿地、河口湿地和湖滨林带4种模式开展生态修复与建设。共在滇池湖滨恢复与建设了5.4万亩生态湿地，重建了滇池湖滨生态缓冲区，使滇池良性生态系统得以逐步恢复。

纵观滇池流域的文明史和“人湖”共争史，莫不是以牺牲滇池水域面积，缩小滇池规模为代价而实现的“湖退人进”。如今在滇池湖滨生态修复与建设工程中共计拆除了防浪堤43.14千米，由此使得滇池水域面积在原有的基础上增加了11.51平方千米，此举无疑是滇池历史上首次的“湖进人退”。

到“十二五”末，宝丰湿地、王官湿地、斗南湿地、捞鱼河湿地、白鱼河湿地、东大河湿地、西华湿地等湿地星罗棋布地散落在滇池边，各块湿地大小不一，点面结合，已基本将滇池合围起来。随着滇池湖滨生态湿地修复与建设规模的不断增大，湖滨带生态功能和生物多样性逐步恢复，多样化的生境为植物和动物提供了更多的栖息环境和觅食场所。从2008年以来滇池周边鸟类种类逐渐增多，还出现了多种云南鸟类新纪录，一些消失多年的海菜花等水生植物、金线鲃等土著鱼类、鸟类重新出现，目前记录有植物290种、鱼类23种、鸟类138种，滇池生态修复和建设工程的生态和环境效益十分显著。

（作者系昆明市滇池生态研究所副所长）

环保疏浚船

生态清淤内源治理工程

文 / 王勇

16 年前，昆明市委、市政府首次在滇池草海和外海底泥淤积严重的区域，有计划、有步骤地开展底泥疏浚，削减内源污染负荷。在开展滇池淤泥疏浚过程中，昆明在全国甚至全世界 3 次首开先河；滇池水质状态由重度富营养转变为中度富营养，水体透明度指数明显上升，主要污染物平均值均明显下降。如今，滇池生态清淤工程已经成为一项推进滇池治理的常态化工作，并积累了不少治理污染湖泊的先进经验。

一期工程：环保疏浚 滇池开全国湖泊疏浚先河

长期以来，每年都有来自昆明城的泥沙进入滇池，随着日积月累，滇池内的淤泥也以每年两厘

试验段情况

底泥疏浚

绞吸式挖泥船绞刀

米的速度在上涨，经测算，滇池中的污泥达8000万至1.2亿立方米左右。

滇池污染严重影响市民生活，滇池治理成为关系昆明发展的头等大事之一。1998年，国务院批准实施了滇池草海污染淤泥疏挖及处置一期工程。

一期工程位于内草海及外草海西北部，疏浚面积2.828平方公里，疏浚工程量432.26万立方米，投资25000万元。工程采用绞吸式挖泥船进行底泥疏挖，泥浆通过管道输送至明波、运粮河东和西、柳苑、东风坝北5个堆场。在堆场吹填完毕后，经过一段时间风干后，选用水陆两用车载人用手摇播种机撒播草籽，进行堆场植草作业。

为巩固一期疏浚工程实施效果，昆明市委、市政府又于2001年1月5日，组织实施滇池草海污染淤泥继续疏浚工程，并于次年1月25日顺利完工。先后疏浚污染淤泥共计642万立方米。

据昆明滇池治理淤泥疏浚工程建设指挥部办公室负责人王蕾介绍，一期及继续疏浚工程实施后，滇池草海水体环境得到明显好转。黑臭现象不断减轻，蓝藻暴发趋势开始减弱，水体透明度增加到水下1至2米，草海水质得到明显改善。

滇池草海两期疏浚工程还成为中国内陆湖泊大规模环保疏浚工程的首例。通过该项工程的实施，为中国受污染湖泊进行环保疏浚摸索出设计、施工、环境监控等方面的一整套经验和教训，也为滇池草海污染底泥疏浚二期工程和后续疏浚工程奠定了基础。

二期工程：建最长管带 借湖底淤泥筑起围堰

2009年5月，滇池污染底泥疏挖及处置二期工程开工建设，于2010年9月30日全部完工。工程疏浚水域面积共422.80万平方米，疏浚总工程量340.24万方。工程采用环保型绞吸式挖泥船进行底泥疏挖施工，结合滇池环湖生态带的建设，底泥疏挖后通过排泥管道分别输送到西山区柳苑、官渡区福保塘和福保湾3个基底修复区，进行自然干化处置。

如果说一期疏浚工程开创了中国内陆湖泊实施环保疏浚的先河，那二期疏浚工程更是创造了世界之最。二期疏浚工程中使用的土工管袋围堰，以7公里的总长创造了世界之最。

二期工程最大的特点就是淤泥的堆放采用了国际最先进的“土工管袋”围堰技术。所谓“土工管袋”，就是淤泥疏浚到管袋后，里面所含的水会自行渗漏，待淤泥板结后便可形成坚固的坝体。土工管袋本身就装进了3万立方米淤泥，相当于减少了3万立方米原本要用来筑土坝的砂石料。

此外，二期工程还采用了环保疏挖技术。湖泊淤泥由上到下通常由污染层、过渡层和正常湖泊沉积物层共3层组成。为尽量保护湖底过渡层和正常层，不破坏水底植物生长的环境，滇池淤泥疏浚中采用了国际先进的环保疏挖法，从荷兰引进4艘环保型绞吸式挖泥船，利用全球卫星定位仪，准确定位疏挖的深度和面积，疏浚的超挖深度不会超过污染层下15厘米。

2010年9月，滇池污染淤泥疏浚及处置二期工程比预定工期提前两个月完工。

三期工程：滇池清淤内外兼修 探索底泥资源化利用

2010年12月31日，滇池外海主要入湖口及重点区域淤泥疏浚三期工程正式开工。随着前几期滇池疏浚工程的推进，滇池治理已由主要处理湖外河外增量污染源，向主要处理湖内河内存量污染源转变；由主要处理外源性污染，向主要处理内源性污染转变。

三期底泥疏浚工程区域为外海北部、宝象河河口及宝丰湾，疏浚总工程量为503.83万方。从1998年起开始滇池底泥疏浚，三期工程一共从滇池里挖出1517万方的污泥。如果说滇池草海的库容为2500万方，先后三期的疏浚，相当于挖出了大半个草海的库容。

面对淤泥堆场用地紧缺的局面，三期工程突破性地采用了机械化脱水技术处置淤泥。这项占地小、脱水率高的先进技术的成功运用，使三期工程创造了全球处理量最大的湖泊治理机械化脱水工程。除了宝丰湾疏浚底泥输送到福保塘基底修复区自然干化处置，其余疏浚底泥输送到西山区大咀子处置场采用机械脱水后，运至海口街道办事处小黑荞存泥场进行堆储处置。滇管局负责人透露：“二期工程需要占地1900亩存放底泥，而到了三期只需要500亩了。”

开展底泥疏浚的同时，昆明也在积极探索推进污染底泥处置无害化、减量化、资源化研究。目前，考

试验段吹泥情况

虑将淤泥脱水后送到滇池周边“五采区”（采石、采矿、采砂、取土和砖瓦窑场），填充后种植植物，恢复滇池面山植被。此外，脱干后的滇池淤泥燃烧发热量高，可在辅助燃煤的配合下进行掺烧；还可制造建筑材料，其处理的最终产物是可在各种类型建筑工程中使用的材料制品。此外，利用淤泥中富含的氮磷成分，经处理后可以成为肥料。

16 年后再回草海 要满足市民亲水近水要求

2015 年 10 月 8 日，《滇池草海及周边水环境提升综合整治工作实施方案》出台，该方案明确了近期、中期、远期三大目标，分段实施。

近期目标（2015 年 11 月 30 日前）提出，通过综合整治，使草海及周边水环境得到提升，景观得到较大改善；草海湖体水质基本达到Ⅴ类水标准（总氮≤ 4 毫克 / 升），达到国家对草海湖体水质考核的目标要求。草海 7 条主要入湖河道和 23 条支流沟渠水环境明显改善。

中期、远期目标（2016-2020 年）要求，恢复草海原有的主要湖泊系统结构和生态功能，草海湖体水质稳定达到地表水Ⅳ类水质标准，透明度从 2015 年的 50 厘米提高到 100 厘米以上，关键指标明显提升，水体对人体无害，实现广大市民亲水近水的需求。

这是继 16 年前昆明市对草海进行清淤后，再次对草海进行的第二次疏浚，方案对草海和部分入湖河道的清淤工作提出了明确的要求。方案明确，滇池草海水环境综合整治，主要围绕水质明显改善这一中心，以河道综合整治、沿湖沿河生态湿地建设、水质净化厂水质提标为重点，充分运用工程技术、生物技术、自动化技术、信息技术，加大整治力度，提高草海综合治理的科学化水平，提升草海及周边水环境质量。

（作者系昆明滇池投资有限责任公司副总经理，本文图片由作者提供）

绞吸式挖泥船绞刀

牛栏江清水通道

外流域引水工程

文 / 卢文霞

滇池是一个半封闭宽浅型的高原湖泊，湖水主要依靠城市排水和雨季径流水补充，与国内绝大多数湖泊相比，水体置换及循环周期更长，自我净化能力也相差甚远。为了加快滇池水体置换及循环周期，建立健康的水循环系统，云南省确定了从牛栏江引水补充滇池的生态用水方案，并将其纳入滇池流域水环境综合治理“六大工程”。

经过 4 年艰苦建设和试通水，2013 年 12 月 29 日，牛栏江—滇池补水工程实现正式通水。从 200 多公里外的德泽水库奔腾而来的牛栏江水成了滇池水体置换最大的动力和来源，每年 5.66 亿立方米的“生态水”成了滇池自然水循环体系中的最大亮点。随着牛栏江—滇池补水工程正式通水运行，滇池也实现了“与湖争水”向“还水予湖”的历史性转变。

牛栏江水“穿山过海”入滇池

滇池是内陆高原湖泊，调蓄能力差，主要依靠城市排水和雨季径流水补充，水体更换缓慢，平均 4 年才能置换一次，水体自净能力极差。同时，滇池位于城市下游，入湖河道穿过人口密集的城镇、乡村，会接纳沿途工农业生产废水及居民生活污水，呈向心状流入滇池。虽然经过环湖截污工程，污水已经很难流入滇池，但处理过的污水与地表水水质标准还有差距，导致滇池水体难以自净。因此，通过从外流域引水入湖加快水循环的方式促进滇池水生态环境恢复，是治理滇池的关键措施。

经过前期研究论证，2008 年 4 月 26 日，云南省确定了从牛栏江引水补充滇池的生态用水方案。作为滇池流域水环境综合治理六大工程措施的关键性工程，牛栏江—滇池补水工程在实施环湖截污、入湖河道整治等综合治理措施的基础上，可有效增加滇池水资源总量和提高水环境容量，加快湖泊水体循环和交换，对于治理滇池水污染、改善滇池水环境具有十分重要的作用。

牛栏江—滇池补水工程主要由德泽水库枢纽、干河泵站和输水线路工程组成。工程近期重点向滇池补水，改善滇池水环境和水资源条件，配合滇池水污染防治的其他措施，达到规划水质目标，并具备为昆明市应急供水的能力；远期主要任务是向曲靖市供水，并与金沙江调水工程共同向滇池补水，同时作为昆明市的备用水源。

2013 年 6 月 16 日，牛栏江—滇池补水工程输水线实现全线贯通，同年 9 月 25 日投入试运行，之后经过 10 天试运行，暂停供水，进入调试、检修阶段等长达 3 个月的全面体检后，2013 年 12 月 29 日，牛栏江—滇池补水工程实现正式通水。随着清澈的牛栏江水奔流而下，德泽水库蓄水经 115.85 公里长的输水线路后，自流至盘龙江进入滇池，每秒输水设计流量达 23 立方米，每年可向滇池补水 5.66 亿立方米。按照滇池蓄水量15.7亿立方米计算，约3年左右可置换一次滇池水体。配合滇池水污染防治的其他措施，引水工程不仅增加了滇池生态环境水质，缩短了滇池水体置换的周期，而且通过加速水循环的方式，有效降低滇池水体污染。

外流域引水工程引发的“蝴蝶效应”

牛栏江—滇池补水工程的实施还引发了一系列蝴蝶效应。近年来，昆明市在积极推进滇池治理工程项目的基础上，全面强化滇池流域健康水循环系统的完善工作，在牛栏江—滇池补水工程正式通水通过盘龙江补给滇池外海、污水处理厂尾水外排及资源化利用工程投入运行的基础上，昆明市实施并完成了牛栏江草海补水通道工程，对玉带河、篆塘河、大观河、西坝河进行清淤除障和节点改造，每天约 52 万立方米的牛栏江水从盘龙江通过玉带河、篆塘河引入大观河、西坝河补充草海生态用水。通水数月后，草海水质改善明显，牛栏江—草海补水工程来水对滇池草海已经完成了 4 个完整的水体置换调度。

除此之外，牛栏江流经的各县区，河道沿线的生态环境得到极大的改善。嵩明县经过综合整治，牛栏江河岸两边的田地和湿地里，一群群白鹭在悠闲地戏水、寻觅食物，人群一走过，一只只受到惊吓飞翔而过，呈现出一幅美丽的生态画卷；寻甸县通过牛栏江综合治理，沿河 4 个乡镇和街道，32 个村委会，151 个自然村建设了污水深度处理设施、“三池”、生态塘等污水处理系统，堵住了村庄的生活污水……如今，昆明正加强牛栏江流域综合治理，确保境内牛栏江水质达标，顺利进入滇池，真正让滇池水健康循环起来。

（作者系昆明市水务局副局长，本文图片由作者提供）

牛栏江清水通道

牛栏江——滇池补水工程现场调研会在昆明举行

入湖河道整治工程

整治后的大清河
（吴静然　供图）

治理后的船房河
（李子洪　摄）

盘龙江（昆明市滇池管理局　供图）

文 / 吴静然

在昆明生活 20 年以上的人们一定不会忘记，20 世纪 80、90 年代，一到夏季盘龙江、大观河等入湖河道臭气熏天、河岸垃圾遍布的场面。

入湖河道就像滇池的“血管”，是滇池的主要补给水源。河道水质严重污染，“高原明珠”重放光彩就无从谈起。昆明对于入滇河道的综合整治始于 20 世纪 90 年代，并正式作为滇池治理的“六大工程”中重要的一项纳入了“九五”规划。

现在，通过综合治理，盘龙江、新宝象河、大观河、船房河等河道的水质和生态环境有明显改善，河道水质变清，河水不黑也不臭了，河岸风景优美、绿树成荫，前来河边休闲、娱乐的人越来越多；走在河边，人们时不时能看到盘龙江上不经意间飞起的白鹭；滇池入湖口生态湿地成为昆明新的旅游景区……一幅幅画面，展现着昆明河道治理的成效。

三分靠工程 七分靠管理　臭水河 20 年蜕变成景观生态长廊

滇池位于城市下游，36 条主要入湖河道是滇池的主要补给水源，有关部门监测数据表明，36 条入湖河道进入滇池的年均水量近 9 亿立方米，约占滇池入湖水量的 73%。因此，各主要入湖河道水质和环境的好坏直接影响滇池综合治理的效果和滇池生态环境的恢复。

但各条入湖河道穿过人口密集的城镇、乡村，受人类活动影响较大，在很长一段时间里，昆明明河暗渠交错，成为雨、污水的排放通道，河道两岸乱搭乱建、乱倒垃圾、乱排污水等行为屡禁不止。20 世纪 80 年代时，河道水体污染严重，不少入滇河道水质都变得又黑又臭，化学需氧量、5日生化需氧量、高锰酸盐指数、氨氮、总磷、阴离子表面活性剂等指标严重超标，受污染的河水顺河道呈向心状流入滇池，成了污染物进入滇池的主要通道。

盘龙江综合整治　（昆明市滇池管理局　供图）

20世纪90年代末，昆明开始在盘龙江中段、大观河等河道开展综合整治工程，但当时的整治主要以应急性的打捞水葫芦工作为主。“十五”期间，昆明市对采莲河、盘龙江上段、明通河下段（大清河）、枧槽河、乌龙河、船房河开展了综合整治。直至“十一五”期间，云南省提出了“环湖截污和交通、外流域调水及节水、入湖河道整治、农业农村面源治理、生态修复与建设、生态清淤”六大工程，围绕“水清、河畅、景美、岸绿”这一目标，昆明市按照“四全”工作要求及“158”综合整治，通过以污染物减排为核心、水环境治理为关键，以建设生态型、景观型河道为目标，采取堵口查污、截污导流、中水回用、河床清淤、两岸拆迁、全面禁养、全面绿化、岸线公共空间贯通等多项措施，对36条主要出入湖河道进行综合整治。

船房河整治中　（昆明市滇池管理局　供图）

“在滇池治理当中，三分靠工程，七分靠管理。”一位环境学专家曾表示，在昆明市全面开展滇池治理“六大工程”之前，盘龙江曾开展过3次大规模的整治，但都没能取得明显的成效。“只有系统性、科学性、常态化、长期化的开展综合整治，治理效果才能逐步显现。”至“十一五”末期，各条河道整治效果已初现。

在取得治理成效的基础上，昆明并未停住河道治理的脚步。“十二五”期间，从“河床湿地化、河坎生态化”方面着手，继续对36条主要出入湖河道进行生态修复，逐步修复河道内水生植物群落，让河道渐渐恢复自我净化、过滤水质的功能。同时，除了主要入湖河道，各支流及沟渠也被纳入综合整治范围。至今，36条出（入）滇池主要河道和84条支流的综合整治依然在坚持不懈地开展，查堵排污口，沿河铺设截污管，在河道两岸拆临、拆违和拆迁各类建（构）筑物，沿河修筑道路，绿化美化河岸。

整治后的生态河堤　（昆明市滇池管理局　供图）

曾经的臭水河，如今是清幽的河水缓缓流过，河岸两侧绿树成荫，河道里不见了垃圾、淤泥，河底水草随波律动，成了风景优美的景观生态长廊，临江修建的各个小游园也成为市民休闲、娱乐的聚集地。

跳出滇池治滇池 “河长制”纳入地方性法规显成效

2008年，“河（段）长负责制”在昆明市建立实行并纳入地方性法规，在全国开了先河。所谓“河（段）长负责制”，指的是从昆明市级领导到滇池流域乡镇长，亲自挂帅、监督、指导、协调各条河道的综合整治工作，市级领导担任河长，涉及的区（县）长任段长，每个人、每条（段）河道都有具体的责任和相应的考核目标，滇池水流域环境治理任务层层拆解划分，落实到具体责任人，生态环境指标成为硬指标。

市委书记亲自任盘龙江河长，市长任宝象河河长……按照规定，所有河长都需要定期巡河，每一次巡河调研都是一次现场办公、交办任务的过程，有关部门普查雨污合流的排水口，拿出方案，堵口查漏、严查重罚；拉网式检查排污口，全面覆盖、不留死角，杜绝所有生活建筑垃圾、污水、农作物秸秆向河道内倾倒，做到截污全覆盖。经过“河（段）长”责任制多年的实施，初步建立了“两级政府、三级管理”的河道管理体系，36条河道的景观及周边环境都得到了极大的改善，部分河道水质明显好转。

2010年5月，昆明市人大颁布了《昆明市河道管理条例》，将“河长制”纳入这部法规，以法规的形式明确“河长”在河道整治中的责任。2010年9月，16位省政府专家督导组成员获聘督导长后，“河长制”日臻完善。

“河（段）长负责制”的实施，基本建立了河道管理横向到边的机制，但当时乡镇（街道）以下还普遍存在着“断层”和“空挡”现象。要想建立纵向到底的管理机制，就需要将河道治理深入到群众当中去，让全民参与治理。

2009年，官渡街道办事处西庄社区首先实行“河道三包”责任制，对辖区内的主要出（入）湖河道及支流沟渠实施网格化管理，建立街道、社区、居民小组、沿河单位（小区）及住户层层抓落实的目标管理责任机制，与社区居民小组、沿河单位及住户签订河道两岸“门前三包”责任书，做得好的奖励和表扬，做得不到位的进行通报和问责。之后，“河道三包”责任制逐渐在全市推行开来，全民参与河道的综合治理中，让治理不留死角。

“每个市民不但是滇池治理的受益者，同时也是滇池污染的责任者和见证者。”在“河（段）长负责制”运行一年后的2009年7月，昆明市滇池管理局、昆明日报社联合发起了“市民河长”征集活动，最终在600余报名者中遴选出36名“市民河长”，参与多次巡查河道并参观考察滇池治理各项相关工作，而此项活动也作为一项内容被纳入了政府工作报告。2017年，在2009年和2013年两届“市民河长”活动成功举办的基础上，昆明市滇池管理局、昆明日报社再次联合发起“保护母亲湖——‘市民河长’在行动”活动，更加广泛地发动群众参与滇池保护治理，感受、见证河道整治带来的变化，并给保护治理工作提出建议和意见。

如今，昆明已形成了“河道清洁有人管、河岸绿化有人护、违法行为有人查”的常态化工作机制，各条河的污染程度显著降低，水质及河道周边环境都有了质的飞越。2016年1-10月的监测结果表明，滇池36条入湖河道除8条断流外，有21条河流水质达标。其中，滇池“十二五”规划国家考核的16条入湖河流有14条达标，综合达标率达87.5%。

2017年，36条入滇河流中，25条的入湖断面水质达标，综合达标率为80.6%（4条河道断流），其中列入国家考核的12条河道有11条水质达标。

（作者系昆明市滇池管理局干部）

昆明河长在行动

文 / 杨金仓

滇池清则昆明兴。可一组数字曾让人触目惊心：在滇池未实施大规模治理前，滇池周边企业年污水排放量达 4900 多万立方米，其中排出 COD 7900 吨，总氮 600 多吨，总磷 30 多吨；流域内城镇生活污水年排放量达 2 亿多立方米，日排放量 50 多万立方米，年排出 COD 4 万多吨，总氮 1 万多吨，总磷 800 多吨；农村面源污染产生 COD 2 万多吨，总氮 3000 多吨，总磷 400 多吨。仅昆明主城，每天就有 43.5 万立方米污水未经任何处理直排滇池。曾经，谈起滇池的水质状况一度让昆明人民十分痛心。问滇池何日清如许？要有源头活水来！

“四级河长五级治理体系”让出入滇池河道都有“管家”

为彻底拯救昆明的母亲湖，2008 年，昆明市在中国率先在滇池流域探索实施了河（段）长责任制。2017 年以来，按照中央和云南省全面推行河长制的决策部署，昆明高位推动、提前谋划、精心组织，全面启动了深化河长制的各项工作，建立起了科学规范的河长制体系。36 位市级领导担任起了滇池主要出入湖河道的“河长”，滇池流域按照“一河一长”，滇池流域外按责任区域设立市级河长。同时，其他河（渠）湖库按照分级管理的原则，分别由县（市、区）和开发区、乡（镇、街道）、村（社区）级党政主要领导担任总河长、副总河长，其他领导担任河长。昆明市、县、乡、村四级分别明确了 36 位市级河长，387 位县（市）区级河长，1100 位乡镇（街道）级河长，1966 位村级河长，构建了“四级河长五级治理体系”。与此同时，在昆明市建立了三级督察督导制度，全面建立市、县（市）区和开发（度假）园区、乡镇（街道）三级督察督导制度。各级由党委副书记任总督察，

学生河长巡河活动——大学生志愿者

市、县人大常委会主任、政协主席担任副总督察，人大、政协分别成立河长制督察组；各级党委政府成立河（渠）湖库保护治理日常工作专项督导组。市级成立昆明市河（渠）湖库保护治理管理日常工作专项督导组。各县（市）区和开发（度假）园区、乡镇（街道）成立相应的日常工作专项督导组，至此，全市所有出入滇河道都有了“管家”。

不仅如此，昆明市还进一步对河长制的各项工作目标任务进行细化，明确2017年底全面建立河长制。全市19个县（市）区、开发（度假）园区，136个乡（镇、街道）均出台了县（市、区）级、乡（镇、街道）级河长制工作方案，全市各村（社区）也相继出台村级河长制工作方案，建立了河长制工作机制。目前，全市19个县（市）区、开发（度假）园区共设立河长公示牌2872块，标明了水系图、河长职责、河渠湖库概括、管护目标、河长联系电话、监督举报电话等内容，在六大水系、牛栏江干流及滇池、阳宗海岸边集镇、桥梁、码头竖立了省级河长公示牌，平时若市民发现有污染破坏河道的行为，就可直报“河长”，实现了全民都能直接参与河道管理和监督。

实现全市河渠湖库河长全覆盖

有了健全的制度和监督体系，各级河道“管家”都认真上岗履职。按照规定，各级河长牵头，对责任区域河（渠）湖库都要定期和不定期开展现场巡查，及时发现问题，一线督促落实。原则上，市级河长将不少于每季度1次，县（市）区和开发（度假）园区级河长不少于每两月1次，乡镇（街道）级河长不少于每月1次，村（社区）级河长不少于每半月1次。据统计，截至2017年年底，市级河长巡河109次，县（市）区河长巡河1492次，乡镇级河长巡河8109次，村级河长巡河28727次，各级河长均按要求达到或超过了规定的巡河次数，“河长”们正用自己的脚步和实际行动守护住昆明的碧水青山。

为整合全市力量参与到滇池的保护治理中，昆明市统筹协调，依托专业技术力量，整合水文、环保、滇管部门资源，组织各县（市）区、开发（度假）园区，根据河渠湖库自然属性、行政区域情况以及对经济社会发展、生态环境影响的重要性等因素，梳理形成了昆明市河渠湖库河长分级名录，建立“一河一档”，实现全市河渠湖库河长全覆盖。在全市建立

（昆明市滇池管理局　供图）

市民河长巡河活动 （昆明市滇池管理局 供图）

学生河长巡河活动 （昆明市滇池管理局 供图）

学生河长 （昆明市滇池管理局 供图）

起了河长会议制度、信息共享制度、信息报送制度、督察制度、河长制工作考核与激励问责制度、河长制工作验收制度、联席会议制度、河长日常巡查制度、全面深化河长制工作考核办法、滇池流域河道生态补偿机制、基层河长巡河细则、河长巡河手册……一系列规范的制度、有力措施的实施，为入滇河道变清提供了保障。

保护“母亲湖”人人有责。不仅仅是政府部门的“河长”在为保护治理滇池奔忙，昆明市更积极拓展社会参与河湖保护治理渠道，通过报纸、电视媒体、微信公众号、公众河长 APP 宣传昆明市河长制工作情况。组织开展“企业河长”“学生河长”等一系列活动，通过“市民河长在行动”活动，招募河长制志愿者，开展河道保洁；选聘企业负责人担任企业河长，强化企业的社会责任感，充分利用企业优势，参与河湖的保护治理；选取中小学、大学开展“学生河长”试点，以学生为主体，通过一系列保护河道、保护滇池的主题活动，提高市民河湖保护意识；聘请社会监督员开展河长制社会监督工作，号召全社会参与滇池的保护和治理。目前，昆明市各县（市）区、开发（度假）园区已聘请社会监督员 504 名，营造了河渠湖库社会共治的良好氛围。

为让滇池重新焕发碧水清波的容颜，昆明市的“河长” 在积极行动。全面推行并深化河长制后，经过近一年来的不懈努力，滇池流域的水污染防治和水生态文明建设取得了显著成效。2017 年 1—12 月，昆明市河长制实际监管的 103 个断面，水质达标率达 79.6%；县级以上饮用水源地 18 个，断面水体达标率和水质达标率为 100%，河湖水质状况相比 2016 年有明显改善，入滇河道水质好转，滇池正逐步重新焕发生机和活力。

（作者系昆明市河长制办公室常务副主任、昆明市水务局副局长）

全国挂号的海河摘帽了

海河老机场至广福路段
（李平辉 供图）

文 / 李平辉

按照环保部、住建部《城市黑臭水体整治工作指南》（以下简称《工作指南》）的要求，2016 年，昆明市组织开展了全市黑臭水体排查工作，对新运粮河、正大河、海河等 46 条河（段）184 个监测点进行了取样分析、核实，根据检测结果对照城市黑臭水体污染程度分级标准进行判断，共排查出海河 1 条黑臭水体属于轻度黑臭。2016 年 2 月，海河（老海河至入湖口段）被列为云南省 12 条城市黑臭水体之一。2017 年的政府工作报告中，明确提出“消除滇池流域河道黑臭现象”的目标。

按照国务院和省有关部门的要求，昆明市完成了“全国城市黑臭水体整治监管平台”的黑臭水体详细信息完善和季报工作。同时，通过政府门户网站及时向社会公布了昆明市中心城区黑臭水体名单及整治工作情况，接受公众的监督。

海河全长 16.2 公里，黑臭水体起于老海河汇入口，止于滇池入湖口，黑臭水体长度 7.1 公里，黑臭水体面积 0.6 平方公里，全部属于昆明市官渡区管辖范围。

根据排查结果，昆明市结合实际出台了《昆明市城市“黑臭水体”整治工作方案》，海河黑臭水体工程整治工作优先选择控源截污、内源治理措施；同时，增加清水补给，加强管道清淤疏通等工作。整治工程于 2016 年 4 月 15 日开工，至年底所有工程及子项目均已完工。工程整治项目完工后，官渡区委托昆明市城市排水监测站作为第三方监测机构开展了海河的水质监测工作。按照《工作指南》要求，昆明市城市排水监测站共设置监测点位 12 个，每月开展 2 次监测。

海河整治前，水体黑臭，有刺鼻性气味，透明度非常低，河道淤积严重，河水基本不流动，水面上垃圾、腐烂植物等腐殖质较多。整治后，目前海河水质黑臭情况已大幅度减少，溶解氧、透明度、氧化还原电位、氨氮 4 项主要指标均达标，基本消除了黑臭水体，整治效果明显。在整治工程完工后连续 6 个月的水质监测中，每月平均数据均达到消除黑臭的指标要求；在委托第三方评估单位每月开展的公众调查评议等综合评估工作中，满意度达 94.3%，达到整治目标。2017 年 8 月 8 日，住建部正式发函，同意将昆明市海河黑臭水体销号。

昆明市将强化长效管理机制建设，进一步巩固黑臭水体整治成果。官渡区将继续建立并完善长效管理机制，确保海河黑臭现象不反弹、水质持续提升。滇管部门也将继续加强河道水质监测工作，及时分析水质变化情况，发现问题及时整改。2017 年，昆明市建立了滇池流域河道生态补偿机制，并将开展河道维护管理市场化运作，这也将倒逼黑臭水体整治成果的巩固。各相关部门将强化对主城区各类水体的日常监管，避免出现新的黑臭水体，杜绝已整治到位的黑臭水体出现反弹。同时，加强执法监督管理力度，加大沿河偷排污水、乱建乱占、损坏排水管网设施等违法行为的查处力度，落实属地“包治脏、包治乱、包绿化”的“河道三包”责任制。

（作者系云南省住建厅城建处处长）

885个村庄污水大收集

文 / 陈志强

集镇及村庄截污是滇池环湖4个层次截污的重要内容，也是其中的难点。

首先，农村点多面广、分散不均、情况复杂，且多处山地，地势起伏较大，自然条件差，统一规划建设难度大；其次，农村水量水质变化波动较大，给污水处理设施正常运营带来考验，有的村庄建于山区、半山区，常年处于旱季无水、雨季水大甚至伴随山洪的状况，加之农村生产生活方式多样，经济条件差异大，不同区域农村排水水质各异，水冲厕所及淋浴设施使用不多，排水系统简易，目前国家对农村生活污水产生量、排放量、污染物排放单量、农村排水水质都没有具体的统一定量，具体取值需根据项目实施地情况确定；再次，农村污水处理规模较小，数量多且高度分散，单位电耗数倍于城市污水处理工艺，同时远离市区，设施设备的运维管理受到很大限制。

"十一五"期间，随着滇池保护治理的不断深入，切实加大力度实施农村污水治理、有效控制农村面源污染、进一步完善滇池环湖4个层次截污，被提到了重要议事日程，作为重点工作任务来抓。至2015年，昆明市先后组织实施完成了集镇污水处理站及污水收集系统建设、村庄分散污水处理工程两个项目，对滇池流域和牛栏江（昆明段）五华区、盘龙区、官渡区、西山区、呈贡区、晋宁区、嵩明县、寻甸县、高新技术开发区、经济技术开发区、滇池旅游度假区、空港经济区、阳宗海风景名胜区13个县区、开发（度假）园区的20个集镇、885个村庄建设了污水收集处理设施，初步形成了农村污水"全收集、全处理"格局。工程充分结合滇池流域和牛栏江（昆明段）农村现状和特点，

宝丰村污水处理站设施　（昆明市滇池管理局　供图）

突破了"大一统"的传统思维，以行之有效地解决当地污水收集处理问题为根本目的，坚持"实事求是、分类指导、因地制宜、一村一策"，采取污水处理厂（站）、就近接管、一体化设施、"三池"净化处理设施、氧化塘、生态湿地等多种工程措施，分区域、分类型、分方式地建设集镇、村庄污水收集处理设施，探索出了一条多样化推进农村污水治理工作的有效途径。

2016年，为强化管理、提高运维水平，确保设施长期稳定发挥效益，又引入市场化机制，由政府购买服务，按特许经营权转让模式，把设施统一委托交由滇池水务公司接管，负责日常维护管理和运营，推行农村污水治理工作企业化、专业化运作。至2017年6月，完成全部移交接管工作，经过滇池水务公司对设施实施一系列专业化、系统化的检修和提升改造，设施运行及出水水质的稳定性得到进一步增强，效益发挥得更为明显。

目前，通过一系列行之有效的措施，滇池流域和牛栏江（昆明段）农村入湖污染负荷得到了有效削减，流域水环境质量持续改善，当地群众满意度不断提高，不仅为滇池保护治理、也为提升城乡人居环境做出了贡献。

（作者系昆明市滇池管理局副局长）

为了母亲湖：『四退三还』在行动

文 / 孙潇

滇池水被污染的 30 多年来，昆明人一直在苦苦偿还着当年大面积人为干预自然生态所欠下的环保债。

10 多年之前，相信很多人都对“湿地”这个词的概念不清楚，而就在那时，修复滇池环湖生态、建设湖滨生态被纳入滇池治理“六大工程”，成为滇池保护治理工作中的重要一笔。

如今，滇池外海湖滨已初步构建了一条平均宽度约 200 米、面积约 33.3 平方公里、区域内植被覆盖超过 80% 的闭合生态带，形成了一条以自然生态为主、结构完整、功能完善的湖滨生态绿色屏障，根据监测结果，其对主要污染物 COD、TN、TP 的去除率约为 15%–30%。除了作为环湖生态修复核心区给滇池建造“肾”外，一个个经过景观改造的湿地公园也成了市民们休闲观光的好去处。

十年造“肾” 33.3 平方公里湿地持续改善湖滨生态

湿地与森林、海洋并称全球三大生态系统。湿地是地球上具有多种独特功能的生态系统，它不仅为人类提供大量食物、原料和水资源，而且在维持生态平衡、保持生物多样性和珍稀物种资源以及涵养水源、蓄洪防旱、降解污染、调节气候、补充地下水、控制土壤侵蚀等方面均起到重要作用。

20 世纪 60 至 70 年代，“抓革命、促生产”成为时代的主旋律，在当时的环境下，“围湖造田、与水争地”成为人们解决粮食问题最直接的方式。

经历了 4 次大规模的围湖造田后，4 万余亩滇池水域变成田地，湖泊面积不断缩小，加快了湖泊沼泽化进程，同时，由于水生生物的繁殖栖息地被破坏，滇池水生动植物资源衰退，湖区生态环境劣变，昆明八景之一的“灞桥烟柳”也消失了。

五甲塘湿地

为了修复滇池湖滨生态环境，2003年，昆明市在官渡、西山、呈贡、晋宁沿湖县区启动了湖滨生态湿地建设，“十五”期间完成了湖滨生态恢复与建设3.3平方公里，建成草海生态示范区3平方公里。

“十一五”期间，生态修复与建设工程被正式纳入滇池治理“六大工程”，按照现代新昆明的发展战略，昆明市加大了滇池湖滨生态湿地建设，在滇池湖滨33.3平方公里内全面开展“退田退塘、退人退房、还湖、还湿地、还林”的“四退三环”工作，首次实现“人退湖进”。“四退三还一护”工程生态建设将滇池保护界桩外延100米以内的区域作为了环湖生态修复核心区，开展了生态建设工作，通过拆除生态修复核心区内的人为建筑等，早日建设和恢复滇池湖滨良性生态系统，推进滇池治理的进程。

在环湖生态修复核心区内实现了退塘、退田、退人、退房后开展的还湖、还湿地、还林工作，经过专家学者多番探讨、审定，最终确定了“以自然恢复为主，适当增加湿生乔木比例”的湖滨生态建设思路。“十二五”期间，在滇池湖滨的33.3平方公里已全部建成连片的湿地，逐步开展提升改造，让污染源退出去，生态建设让亲水空间人工干预合理化，自然恢复最大化。给滇池造“肾”的湿地建设，让水体、土壤、植物友好交流，不断消化水中的富营养、氮和磷，滇池水质得到持续净化，湖滨带生态功能和生物多样性逐步恢复。

近年来，昆明在滇池流域实施造林10万亩、封山育林29万亩，2014年滇池流域森林覆盖率已上升到53.55%；在湖滨一级保护区内全面实施“四退三还”，完成退塘退田3000公顷、退房145.3万平方米、退人2.6万人、拆除防浪堤43.12公里，恢复滇池水域面积11.51平方公里。

随着生态修复工程的不断推进，“永昌湿地”“海东湿地”“晖湾湿地”“捞鱼河湿地”以及2017年建

宝丰湿地

滇池：“四退三还”工程

2008年东大河河口湿地建设开工

“四退三还”前

“四退三还”后

成的“王官湿地”“斗南湿地”等，一个个经过提升改造、兼顾生态与景观功能的湖滨生态湿地展现在全市人民眼前，也成为节假日市民休闲放松的首选目的地。

成效显著 湖滨湿地鸟类两年增加 42 种

“湿地不是万能的，虽然不可能单靠湿地就能从根本上改善滇池水污染现状，但恢复已消亡的湿地对滇池水环境的改善却有重要意义。”在国家环境应急专家、国家水专项湖泊主题专家组顾问、中科院水生生物所原常务副所长刘永定看来，湿地的作用首先是让滇池畔消失的原有水生植物、水禽等水生动物能早日回归，尽快恢复滇池湖滨的生物多样性。唯有环湖生态环境良性循环了，才有助于滇池从根本上实现自我净化，也就是发挥出湿地的第二个作用——对污染物进行拦截、净化。“滇池水与陆地本是连在一起的，有水、有土、有植物、有鸟禽等，才能构建一个完整的滇池湖滨生态系统。”

随着滇池湿地的增加，一些在滇池已消失多年的海菜花等水生植物、金线鲃等土著鱼类、鸟类和两栖动物又重新出现。据统计，滇池鸟类从 2012 年前调查记录的 96 种，上升到 2014 年底记录的 138 种，增加了 42 种。其中，有 7 种属国家二级保护动物。同时，目前记录有植物 290 种、鱼类 23 种。

为了摸清滇池湖滨水生态变化情况，2014 年，市滇管局滇池生态研究所组织开展了滇池湖滨带生态调查工作，调查内容包括鸟类、鱼类、水生植物等。在 2012 年前，根据鸟类学相关专家对分布在滇池周边鸟类调查，当年滇池湖滨共记录鸟类 96 种，常见鸟类优势种有 9 种。近年来，随着湖滨湿地的恢复，为鸟类创造了较好的栖息、觅食环境，鸟类物种数量特别是水禽有较为明显的增加。2014 年共记录鸟类 138 种，短短 2 年时间就增加了 42 种，其中 7 种为国家Ⅱ级重点保护鸟类，它们是黑翅鸢、黑鸢、普通鵟、红隼、游隼、草鸮和彩鹮。

“十一五”以来，滇池面源污染负荷的削减，滇池周边多个人工湿地的建成都为鸟类创造了较好的栖息、觅食环境，为滇池湿地供养更多的鸟类提供了保障。近年来在滇池周边不断地发现过去从未记录过的一些物种，其中包括多种云南省新记录鸟类。2011 年至 2013 年间滇池周边记录到钳嘴鹳、彩鹮、铁嘴沙鸻、蒙古沙鸻、翻石鹬、斑尾塍鹬、黑腹滨鹬、小滨鹬、中杓鹬、反嘴鹬、三趾鸥、白翅浮鸥 12 种云南新记录水禽。

（作者系昆明日报记者，本文图片由作者提供）

滇池的肾：10 个湖滨湿地

文 / 赵书勇

在 20 世纪中后期，滇池逐渐从淘米洗菜演变成几乎“鱼虾绝代”，成为国家重点治理湖泊。而地处城市下游、没有清洁水补给、平均水深 5.3 米的宽浅型湖泊、水底置换周期长、资金投入不足等障碍，都使滇池重生之路步履维艰。如今，滇池治理成效逐步显现，“硬伤”逐渐好转。其中，被称之为生态之肾的湿地建设尤为显著。

湿地，被称为“地球之肾”，与森林、海洋并列为全球三大生态系统类型，它是水陆相互作用形成的独特生态系统，具有季节或常年积水、生长或栖息喜湿动植物等基本特征，是自然界最富生物多样性的生态景观和人类最重要的生存环境之一。近年来，滇池周边湿地建设成果显著。目前，昆明市有 10 处条件较为成熟、景观性较强的湿地，可供市民休闲赏景。

天然氧吧　龙门湿地

“五百里滇池，奔来眼底，喜茫茫空阔无边。”位于滇池西岸西山风景名胜区前的龙门湿地公园，面积 19.6 万平方米（295 亩），是一座天然氧吧！其通过湖滨生态带的建设，在滇池草海、外海交界处形成山地树林——陆生植物——湿生植物——水生植物——湖泊水体间的生态互补，构建和恢复片区生态系统结构，保护了滇池水体，是一个湿地生态系统的完整呈现。

放鱼湿地花开　（杨峥　摄）

组照（滇池风云大观）——2006 年 11 月摄于晋宁上蒜乡　（杨金海　摄）

宁静宝地 宝丰湿地

“落霞与孤鹜齐飞，秋水共长天一色。”在宝丰湿地，随处可以看到这样宁静致远的美景。湿地内视野宽广，植被茂密，大片的芦苇一丛连着一丛。在这里，既可远眺西山睡美人又可以一览浩渺滇池。当然，在林荫下散步，足可以远离城市的喧嚣，感受宁静的魅力。

湖光山色 海东湿地

浩渺烟波里，山湖相对立。位于官渡街道海东社区西亮塘大片区范围内的海东湿地，总占地面积 894 亩，湿地公园结合滇池、西山特色，形成不同观景点，利用水生植物和地被，形成自然、开放式环境。按照昆明市滇池治理整体规划，已建成 1.5 公里的环形单车道，未来与周边其他湿地联通后，将形成环滇单车道。在湿地里形成绝美的湖光山色景观，处处都是可以入画的风景。

杨柳依依 斗南湿地

“杨柳岸，晓风残月。”斗南湿地位于呈贡斗南社区环湖东路面湖一侧，完整保留了湿地范围内柳堤的历史原貌。这里树木繁盛，菖蒲、芦苇、睡莲等植物点缀于岸边道旁，靠近滇池边的柳堤全长 2 公里，环绕滇池。沿着柳堤漫步，听浪声滔滔，远眺西山睡美人的风姿，近看滇池水波荡漾，柳枝飘飘，吹着凉爽的湖风，分外惬意。

别有洞天 晖湾湿地

“蒹葭苍苍，白露为霜，所谓伊人，在水一方。”晖湾湿地位于富善社区高海路以东，湿地尽管面积不算很大，但里面却别有洞天。树木茂密繁盛，也是不少热恋中的情侣“海誓山盟”的最佳场地。湿地里有一个紧邻滇池的观景平台，在这里可远眺滇池西山，体味滇池西山的另外一番风貌。

生态花园 西华湿地

“山重水复疑无路，柳暗花明又一村。”西华湿地被称为西山的后花园，最大程度上保持原有环境，湿地风景保留着大自然朴实的风格，近年来已逐步成为市民日常游憩、生态旅游休闲、婚纱摄影等的良好场所。同时，公园结合滇池治理与保护相关知识，设有科普宣传标识、科普宣传栏等生态知识教育展板，进入湿地，呈现在人们面前的是芦苇重重、栈道通幽、湖光山色、风影波动的美丽景象。

观景长廊 捞鱼河湿地

“风乍起，吹皱一池春水。”捞鱼河湿地公园地处滇池东岸，位于昆明滇池国家旅游度假区大渔片区，占地700亩，是最具代表性的环境保护型自然生态湿地公园。湿地内按照纯观光和科普等用途，规划了步行系统。整个步行系统分别由3米宽1.5公里长的湖滨步道、6米宽1公里长的自行车道、3米宽700米长的林间栈道和3米宽300余米长的观景长廊等组成。

野趣天堂 东大河湿地

“晴空一鹤排云上，直引诗情到碧霄。”晋宁东大河湿地是滇池湖滨面积最大的湿地，位于滇池南岸。在湿地中，原本已经消失不见或数量稀少的白鹭、野鸭、蛙类，又回到滇池岸边，在湖滨生态湿地里“安家落户”。夏季的夜晚，走入湿地就可听见声声蛙鸣，重拾儿时田园蛙声的记忆。

鸟叫虫鸣 白渔河河口湿地

“三春杨柳，九夏芙蓉。”白渔河河口湿地位于晋宁上蒜镇石寨村委会白鱼河入湖口两侧，面积703.38亩，湿地内植物种类丰富，植被非常茂盛。湿地里还有木栈道1124.75米，景观木桥4座，改造1座、休憩小亭3座。进入湿地里，沿着长长的木栈道，走在植被茂盛的湿地里，聆听着鸟叫虫鸣，与大自然进行亲密接触。湿地紧邻滇池一侧，一座长近百米的观景平台刚刚建成，站在这里，远处烟波浩渺的滇池美景便会呈现在眼前，令人心旷神怡。

亲水乐园 盘龙江西岸入湖口湿地

“君见一叶舟，出没烟波里。”盘龙江是昆明市最主要的入滇河道，随着河道综合整治工程的推进，盘龙江已呈现出水清岸绿的景象。而在盘龙江入湖口西岸，一片风景宜人的湿地已经建成，成为人们休闲游玩的好去处。长长的慢行步道从海埂公园内一直延伸到湿地里，市民可在湿地里骑行漫步。湿地紧邻滇池，为市民搭建了亲水近水的平台，可远观滇池烟波。

当然，滇池湖滨湿地不仅仅只有10块，如近年来新建的晋宁古滇精品湿地，它位于滇池南岸、长腰山西侧，湿地公园毗邻“滇池古滇大码头”，营造出唯美的花海、小桥栈道、水上森林景观。游览湿地深处，舟船徐行，溪涧烟雨、古桥垂钓、芦花轻舞、碧水映彩云、鲜花伴闲居的优美景致，伸手可逐。

位于晋宁区晋城镇团山村委会境内的团山生态湿地，这里引种了各种乔木、水生植物后，与原有鱼塘形成人工生态湿地；通过人工生态向自然生态演替，实现水生态系统的良性循环，发挥湖滨湿地有效消减面源污染的作用。

近年来，滇池一级保护区内的建筑物被不断依法拆除，拆除了建筑物，种植足够且适合的植物，空出的亲水空间就可以称为湿地，从专业角度看来，滇池环湖湿地应该用面积来量化。目前，滇池湖滨湿地已经基本实现首尾连片。

“十三五”期间，昆明市将统筹山水林田湖草系统治理，实行最严格的生态环境保护制度，打好滇池保护治理“三年攻坚”战，推动滇池保护治理取得新突破。

（作者系昆明日报记者）

60 年滇池放鱼史

文 / 孙潇

常在滇池边上走，你是否知道在那个水下世界里，都居住有哪些“邻居”？这些年来它们的“鱼虾社会”有些什么变化？据昆明市滇池管理局渔业行政执法处（下文简称渔政处）和昆明市水产科学研究所相关负责人介绍，随着云南光唇鱼的回归，目前滇池中的渔业资源种类增加到了 24 种。而 2018 年，还有两种土著鱼将“回家”。

从 1958 年昆明渔业管理部门开始向滇池投放鱼苗以来，60 年间，从最初的放鱼增产创收，到如今的放鱼控藻治污，昆明人的生态观发生了变化，滇池的生物多样性也得到进一步恢复。

滇池里都有些什么鱼

2017 年 12 月，昆明开展滇池增殖放流活动，130 吨鲢鳙鱼苗、20 万尾滇池金线鲃和 10 万尾云南光唇鱼相继“入住”滇池。

“在此次云南光唇鱼投放滇池前，根据监测情况，近年来在滇池中采集到的渔业资源种类共有 23 种。随着滇池流域生态环境的不断改善，今后还有可能发现新的鱼种。”昆明市水产科学研究所副所长杨剑虹表示，这些鱼种大致分为三类，第一类为六大经济渔业资源，包括鲢鳙鱼、鲤鱼、鲫鱼、红鳍原鲌、太湖新银鱼及秀丽白虾；第二类为常见鱼类（俗称小杂鱼），如间下鱵鱼，麦穗鱼、鰕虎鱼、黄颡鱼，泥鳅和黄鳝等；第三类为珍稀鱼类，如金线鲃、银白鱼等。

这份“花名册”上的滇池鱼类，是不是有好多没听说过？杨剑虹解释说，这是学名与俗称不同造成的。例如，学名为红鳍原鲌的鱼，其实就是我们在市场上

滇池鱼群演变极简史 （孙潇 供图）

常见的白鱼；太湖新银鱼和秀丽白虾，就是开湖第二阶段可捕捞的银鱼和滇池虾。“我们俗称的花白鲢，是两种鱼的合称，即花鲢和白鲢，花鲢的学名是鳙鱼，而白鲢就是我们所称的鲢鱼。因此，鲢鳙鱼也可统称为花白鲢。”

此次投放的云南光唇鱼，曾是滇池的“原住民”。由于江河污染、栖息环境改变等原因，20 世纪 60 年代后，云南光唇鱼逐渐减少。到了 80 年代，几乎在滇池绝迹，只有流域周边的个别龙潭中还有少量的天然种群。从 2010 年开始，云南省水产技术推广站开始在滇池周边收集云南光唇鱼的天然种群。随着收集的天然种群数量增加到几十组，2013 年云南光唇鱼的人工繁殖技术逐渐成熟，2016 年已能实现规模化繁殖。

此次云南光唇鱼投放滇池，使滇池中的渔业资源种类增加到了 24 种。

种群数量曾多次演变

实际上，滇池水生生物资源种群数量曾多次经历变迁。

20 世纪 50 年代以来，由于生态环境的变化，水产资源变动很大。1957 年以前滇池鱼类组成简单，主要经济鱼类为银白鱼、云南鲴、多鳞白鱼、杞麓鲤、鲫等 6 种，其余还有乌鱼、黄鳝、中臀鮠、鳗鱼、泥鳅、小鲤、长身刺鳑鲏等。60 年代后期，放养的鲢鳙鱼、草鱼形成产量，成为主要经济鱼类，至 1969 年，滇池水产品捕捞量达到 3080 吨。

1973 年起，从外省引进鱼苗时带入日本沼虾和秀丽白虾，成为滇池主要捕获物，占水产品总产的 50%~80%，形成鱼少虾多情况。1975 年，滇池水产品产量增至 8363 吨，其中虾的产量就有 8027 吨。这一时期，滇池高背鲫的数量也开始逐步增加。

至 20 世纪 80 年代，银鱼开始成为滇池主要渔业资源，产量一度达到 3500 吨，成为滇池优势种群。

杨剑虹表示，渔业种群的变化和人为影响有很大关系。过去，滇池水质良好、水体平静，多数种群产卵于水草和砾石，有自然的发育繁殖空间。50 年代末期为了提高生产力，发展渔业经济，引进外来鱼种放养，客观上挤压了原有土著鱼种的生存空间。加上水生植物在草鱼大量摄食和湖水污染的双重影响下，其种类及数量明显减少，破坏了草上排卵的鱼类产卵场所，使部分鱼类的正常繁殖受到了限制，生态平衡被破坏。

到了 20 世纪 90 年代，由于湖水严重营养化，藻类大量生长，水体透明度下降，沉水植物无法得到阳光健康生长，更破坏了鱼类产卵条件，部分鱼类产卵习惯被迫改变，部分鲤鱼、红鳍原鲌原本习惯在沉水植物上产卵，最终不得不产卵在废弃渔网上。

历年都放流了哪些鱼

记者从渔政处了解到，20 世纪 50 年代起，昆明就开始往滇池里放鱼。只是当时是以渔业为目标；滇池水体受污染之后，放鱼计划也开始调整。

1958 年，昆明市政府成立了滇池渔业管理部门，开始向滇池投放鱼苗。“那个年代投放鱼苗，主要是为了沿岸居民增产创收，品种的选择主要迎合市场。”渔政处副处长王勇介绍，20 世纪 50-60 年代，滇池放鱼主要以草鱼为主，70-80 年代以青鱼、武昌鱼、鲤鱼为主，那个时候还没有考虑过生态因素。比如草鱼，它以草为食，大量放流容易对滇池的水生植物造成破坏。但因其生长迅速，肉质细嫩，在市场上有良好的口碑，得到大力推广。

20 世纪 80 年代以后，滇池水生植被开始变化，从以高等水生维管束植物为主的植被类型，转变为以低等水生浮游植物为主，出现湖泊富营养化典型特征，藻类大量繁殖，水生生物群落种类不断减少，部分土著物种濒临灭绝，生态脆弱，湖泊的调蓄功能下降，水体自净能力减弱。

这个时候，昆明市开始有意识地对滇池鱼类进行控制。到了 20 世纪 90 年代，逐渐不再放流草鱼、青鱼、武昌鱼，改为放流鲢鱼、鳙鱼。富营养化的水体是鲢鳙鱼的天堂，它们属于中上层滤食性鱼类，以浮游动植物如蓝藻为主食，在富营养化的水体中能够吃掉大量的藻类，可以改善水体环境。2000年以后，滇池开始进行全面的水环境污染治理。滇池放鱼行动重新定位其功能，成为恢复水生态环境的重要一环，投放的鱼类以生态效益为主。

王勇介绍，2011年以后，滇池开始进行内源治理。渔政处协同昆明市水产科学研究所、滇池生态研究所联合进行调研，于2012年向昆明市委、市政府提交了一份“以鱼控藻”可行性研究报告，提出3年“以鱼控藻”行动，获得审批通过。2013年至2015年，累计向滇池放鲢鱼、鳙鱼种3589吨，高背鲫鱼苗10504万尾。

此外，近年来渔政处还向滇池投放了滇池金线鲃200万尾、云南光唇鱼10万尾，用于土著鱼种的“归位”，促进生物之间的相互制约，达到滇池生态的平衡和稳定。

那些正在回归滇池的土著鱼

曾在滇池一度绝迹的云南光唇鱼重新“回家”，使人工增殖放流的滇池土著鱼达到3种。杨剑虹透露，目前昆明市水产科学研究所的中臀拟鲿（湾丝）、滇池银白鱼两种滇池土著鱼的人工繁殖项目已经取得了初步成效。这两种鱼也是几乎已在滇池自然水体中绝迹的，有望在2018年向滇池进行投放，这将使滇池生物多样性得到进一步恢复。

相信随着治理的深入扎实推进，昔日鱼跃鹭飞、四围香稻、万顷晴沙、九夏芙蓉、三春杨柳的美景将会重现。

（作者系昆明日报记者）

《天雨流芳》主编参加2018元旦昆明之美滇池放鱼行动（“昆明之美” 供图）

2018元旦昆明之美创始人率队参加滇池放鱼（“昆明之美” 供图）

市民参与放鱼（储汝明 供图）

世界银行与滇池治理

世界银行高级官员、东亚及太平洋地区水发展实践局副局长邬志明（Ousmane Dione）先生一行与昆明市滇池治理人员座谈

世行项目专家实地考察昆明市污水处理厂

（高翎　供图）

文 / 高翎

“地球是人类共同的家园”，这一理念日益得到世界各地人们的认同。因此，备受昆明市民关注的母亲湖——滇池的污染治理工作，不仅为昆明人所关注，同样也得到了不少来自国际社会的帮助与支持。

从 20 世纪 90 年代开始，国际交流与合作在滇池综合治理的工作中成为一个十分重要和富有活力的领域，滇池综合治理工作开始广泛利用外国政府、银行和机构的资金援助和支持，先后得到过世界银行、亚洲开发银行、日本协力银行、西班牙政府 FEV 基金、芬兰政府贷款等资金支持，在滇池流域的供水、污水处理、垃圾处理、农村面源污染治理等方面实施了一批项目，产生了良好的环境、生态、经济和社会效益，有力促进了滇池综合治理的工作。

溯源：结缘滇池

世界银行与滇池的合作就是滇池治理国际合作的成功典范。世界银行是全世界发展中国家获得资金和技术援助的一个重要来源，作为世界上提供发展援助最多的机构之一，世界银行侧重于帮助中等收入国家和贫困国家，向发展中国家提供长期低息贷款、无息信贷以及赠款，以支持发展教育、卫生、基础设施、交通、环保等各项事业。

昆明市第一期滇池污染治理世界银行贷款项目，自 1997 年开始正式实施， 2004 年底结束。项目内容包括新建东、北郊污水处理厂及配套管网，新建西郊及城市中心区污水管网系统，第一污水处理厂改扩建等，涉及污水处理、城市生活垃圾无害化处理等许多方面。项目的实施不仅有效地减少了污染物入湖量，同时还带动和推进了相关环境综合治理的后续行动计划、规划及资金的投入，加快了城市环境污染综合治理步伐，打破过去一直把城市供排水，垃圾处置作为社会公益事业来办，城市排水和污水处理设施由政府拨款建设，社会单位和家庭无偿使用，运行费用也全部由地方财政负担的格局，促进公用事业服务机构向独立自主、自负盈亏、减少政府财政负担的良性管理、融入市场化的方面改革。

共赢：助力滇池治污

国际金融组织与中国的合作关系不是简单的借贷关系，而是一个成功的“合作、互利、共赢”的新型关系，世行作为对华贷款援助的主要国际金融组织，其对滇池的作用和影响也是如此。

世界银行在发展战略中积极推广其环境政策：将扶贫战略与环保战略结合在一起，致力于解决贫困中的环境问题。在项目融资中引入环境评价制度，有效架接起融资与环境保护之间的桥梁。而滇池治理工作的目标正是环境保护，这使得世界银行与滇池的合作殊途同归，目标一致。

通过与世界银行的合作，滇池治理工作中的对外合作与交流已形成多层次、宽领域、高水平的特点，出现了政府、机构、企业和科技人员交流合作并举的良好局面，取得了一系列的成果。一是扩大了建设资金来源渠道，在一定程度上缓解了经济发展与建设资金短缺的矛盾，并带动国内配套资金投入国内重点建设项目，扶持亟待国家扶持的事业发展，做到了集中资金保证重点，缓解财政资金投入不足的压力；二是引进了先进的技术、设备和管理方法，加快了昆明市环境保护与国际经济接轨的步伐，如世行贷款项目采取提款报账制与合同招投标相结合的管理模式，不但有利于节约资金，而且对工程质量的保证起到了积极的作用；三是在与国际金融组织合作过程中，为昆明市培养了一批外债管理人员，也积累了一定的外贷管理经验；四是充分利用国际金融组织机构智力资源，加强知识合作，帮助在滇池治理工作中进行制度建设和体制创新，探讨中外双方各自的长处和不足，促进资源相互借鉴、优势互补，借鉴国外政府、国际金融组织平台和企业的污染治理成功经验为滇池治理工作助力加油。

展望：向深度广度延伸

2009 年，世界银行与云南的第二轮合作又拉开了帷幕，历经 8 年的努力，2017 年，包括滇池项目在内的世界银行贷款云南城市环境建设项目顺利结束，其中滇池子项目《滇池流域中长期综合管理总体规划》已经提前完成编撰，并在昆明市滇池治理工作中得到了应用。这是世界银行在云南首个关于流域中长期综合管理的规划课题。相比以往，世行贷款为滇池治污项目主要是提供治污设备购置资金、基础设施建设资金等的支持，《滇池流域中长期综合管理总体规划》项目则是针对环保思维观念的软课题。项目以滇池流域为对象、基于流域资源环境综合承载能力，站在未来中长期战略发展高度，提出解决环境保护与治理、资源可持续利用与社会经济协调发展的总体规划，有力地提高滇池湖泊综合治理效率，合作深度和广度得到了延伸。

从 1997 年到现在，世界银行已与滇池结缘 20 载，世行专家在合作的过程中，也与滇池结下了不解之缘，“世界是个地球村，‘滇池污染’不仅是昆明一家的事，同样也会对全球的生态系统带来影响，需要我们共同努力、参与。”世行专家们经常会这样谈到滇池。世行专家们不仅带来了世界先进的科学理论观念和管理方法，也带来了最前沿的专业理论和科研技术，扩展了滇池综合治理的视野，也逐渐形成了包容并蓄的环保观念。

通过世界银行的参与，滇池综合治理对外合作与交流逐渐展现出了开放、深入的趋势，世界银行与滇池的合作无疑是成功、顺利和卓有成效的。

（作者系昆明市滇池管理局干部）

从“打海堤”到拆防浪堤

文 / 何燕

有一张昆明人很惬意地坐在城墙上洗脚的老照片，总让人在联想滇池水患的同时，看到昆明人的乐观，暗喻了滇池带给昆明人的富足感。

滇池盆地区三面环山，一面临水，平坝面积有限，自古以来，昆明人就以滇池为中心，环湖而居。为防湖水淹没田地和房屋，同时缓解沿湖人口增长耕地不足的矛盾，“涸湖”与“打海堤”让人们尝到了获取良田的好处，“打海堤”就自然而然地成为昆明人在滇池边生存的历史。据史书记载，对滇池采取“涸湖”的方式获取耕地，元代 4 次，明代 9 次，清代 16 次。从滇池水面的变化，“涸湖”历史可见一斑——唐宋时期滇池水面 510 平方公里，元朝云南平章政事赛典赤命巡行劝农使张立道率众 3000 人疏浚海口河的同时，在局部水域则采取筑堤围湖的办法获取耕地，“涸湖”后泄滇池水，得壤地万余顷，滇池水面变为 410 平方公里。明朝为 350 平方公里，清朝为 320 平方公里。由于“涸水谋田”得来的农田地势较低，经常被湖水淹没，耕种效益不高，为保护湖岸的农田不受滇池水的侵袭，便在滇池湖岸“打海堤”，人与湖的关系演变成了“人进湖退”。

现代的滇池外海防浪堤建设，始于 1958 年，福海公社组织村民“打海堤”，造出土地 11200 亩，并以此拉开了滇池围海造田序幕。人们至今印象深刻的是，1969 年底东风广场召开的“边疆儿

晋宁环湖一景

女多奇志，誓叫滇池变粮仓”的围海造田誓师大会后的8个月时间，每天至少10万人在滇池海埂开展围海造田，后又成立昆明海埂“五七”农场。为了确保海埂堤在风浪袭击下能够安全度汛，从1980年起水利部门牵头对沿湖进行分段治理，将一些抛石堆土的海堤采用水泥砂浆砌石护面夯土为堤，1987年至1988年“打海堤”进入最大高潮，滇池周边除峭壁和少量湖湾外，防浪堤已基本建设完毕并闭合。从1958年起至1988年止，官渡、西山、呈贡、晋宁4县区共筑堤113.147千米（包括防浪堤长87.7公里和护河及护沟堤），其中官渡区为修筑防浪堤历时最长、筑堤最长、耗资最多的区，建得质量最好的防浪堤莫过于呈贡和晋宁。晋宁地处滇池下游，也是防浪堤建得最长的沿湖县区，53公里的湖岸线，有37公里建设了防浪堤。

滇池的造田，是由自然的“沧海变桑田”逐步发展到元以后的涸水谋田及新中国成立后的人为围海造田。据航空照片及有关材料显示，1938 ~ 1958年，滇池共围去水面15.5平方千米。20世纪60年代末和70年代初进行的大规模围湖造田，共围去水面23.3平方千米，还减少滇池蓄水能力1.55亿立方米。使剩余水面积只有古滇池的24.7%，蓄水量只有古滇池的1.9%。滇池外海湖岸线长140公里，有87.7公里修筑了防浪堤，相当于滇池周边，一半的地方被围上了围栏，镶上了“钢筋水泥”边。防浪堤作为历史上保护家园、围海造田的产物，在一定时期对提高滇池水位、减轻洪涝灾害起到一定作用，但它的存在导致了水体与湿地的隔断，水陆间失去了自然的过渡而形成两种完全不同的生态环境，原先生物多样性最丰富的浅滩已不复存在，阻碍了湖滨生态系统的恢复，破坏了滇池的生态平衡。

透过人为的“涸湖”与围海造田的人进湖退历史，2008年以前，也偶尔有湖进人退的历史，最常见的是修筑的部分海堤被湖水侵蚀掏空倒塌，淹没的田地被迫退出。另一例子就是2004年实施了草海东风坝水域和老干鱼塘水域退田、退塘还湖，结束了围海造田形

东大河防浪堤

成的东风坝周边田地因常年淹水，耕地的效益不足以抵付抽水电费的历史。2008年以来在昆明市原滇池水体保护界桩后退100米的区域实施“四退三还一护”(退塘、退田、退房、退人，还湖、还林、还湿地，护水)生态建设，为拆除防浪堤奠定了基础。2010年为巩固“四退三还一护”成果，全面恢复环湖生态带，建设湖岸亲水型湿地和湖滨林带，实施科学、有序地拆除部分防浪堤，让滇池自由呼吸，被列入国家滇池水污染防治“十二五”规划项目。

防浪堤围上是一件大事，拆除也不是一件小事，分别涉及西山、官渡、呈贡、晋宁、度假区等5个县（区）11个街道办。除主城区海埂片4.4公里因需保护低于滇池水位的城区不拆除外，其余83.3公里防浪堤分两期拆除。其中，一期计划拆除淹没影响在“四退三还”范围内、具备拆除条件的外海防浪堤48.6公里，二期计划拆除剩余外海防浪堤34.7公里。最长的是晋宁县，达37公里之多。从工程上来说也不简单，需要综合考虑“淹没影响、生态效益、生态影响和实施时序”。因此，选择拆除、先开口后拆除、保留作生态化处理3种不同的方式，最大限度拆除防浪堤。也就是说，对不影响生态恢复的地段，选择防浪堤拆除；对风浪较大，影响生态恢复的地段，选择防浪堤先开口，以充分利用其消浪功能，待生态恢复足以抵抗风浪后，再实施

东大河原貌

东大河现貌

东大河湿地

防浪堤拆除；对保护城市建设区、有重要设施和具有防止岸坡坍塌的地段，选择防浪堤保留，进行硬质堤岸的生态化处理。同时，结合防浪堤的拆除，在已建湿地里将增加布水沟渠，使滇池水体与湿地有机合在一起。

截至2017年底，滇池外海共完成防浪堤拆除43.12千米，恢复滇池水域面积11.51平方千米。拆除防浪堤，水和陆地形成了充分的接触，滇池水将水体中的漂浮物打向岸边，形成自我净化功能，水与陆地交融的生物多样性也渐渐形成，为水生、陆生、两栖等野生动物提供良好的栖息场所，建立了良性的生物链系统，滇池不再是“一潭死水”。

如今，走到滇池边，你也许会发现，沟与沟相通、塘与塘相连、滇池与湿地水体充分交换，滇池已经呼吸到外界的“新鲜”空气，滇池周边脏、乱、差等现象进一步改善，滇池湖岸线在扩大。茂密葱绿的水生植物随风摇曳，人们行走在被绿地包围的干净道路上，尽情地享受着滇池湖畔的美景。已建成的连片湿地，形成了一个绿色的花环，镶嵌在滇池上。西华湿地，原两米高的水泥混凝土防浪堤，已不知去向，变成了一些石头渐渐形成的边坡，风轻轻吹过，滚滚海浪扑向岸边，水与陆地交融的生物多样性渐渐形成，建立了良性的生物链系统。海东湾湿地，水和湿地形成了交融，水顺着湿地流进滇池，经过湿地净化，水质明显变好。东大河湿地内河水清澈透亮，小桥流水，草茂莺飞，白鹭、野鸭嬉戏，被国家林业局命名为“云南晋宁南滇池国家湿地公园试点”。在滇池湖滨带，像这样的湿地越来越多，成为市民们假日休闲旅游的好去处。

（作者系昆明市滇池管理局副调研员，本文图片由作者提供）

『滇池舰队』在行动

护卫滇池　　（昆明市滇池管理局　供图）

文 / 董健平

多年来，昆明市滇池管理局内的一支支“兄弟连”在打击违法排污、渔业资源保护、船舶安全管理等守护滇池“母亲湖”的工作岗位上，夜以继日，兢兢业业，为滇池生态环境保护竖起了一道又一道坚实的屏障，成为滇池保护治理工作中不可或缺的组成部分。

执法总队：滇池、河道环境“守护者”

某一天，昆明市滇池管理综合行政执法总队（以下简称执法总队）接到市民举报，反映“盘龙江畔六甲段的江水变得非常浑浊，可能有人违法排放污水”！

接到举报后，执法总队立即组织执法人员赶赴盘龙江进行排查，发现盘龙江下段水质浑浊，呈灰白色，但广福路以上河水清澈。当天，虽然执法人员在河道周边认真仔细排查了数遍，但却没有找到污水源头。

“可能是夜间偷排污水！”做出这样的分析后，次日凌晨，执法人员再次来到盘龙江六甲段进行蹲守，至凌晨 6 点左右，发现盘龙江江水确实又再次变成了灰白色。之后，执法人员沿盘龙江逆流排查，步行数公里后终于发现，在昆明火车南站福德立交桥下，一家企业正在盘龙江水

水上执法　　（昆明市滇池管理局　供图）

面上进行施工作业，而由于该企业现场管理不善，导致部分施工水泥浆排入盘龙江，致使江水变成了灰白色。执法人员现场下达行政调查通知书，责令施工单位立即停工整改，并依据《云南省滇池保护条例》的相关规定，对该企业作出了相应处罚。

类似这样的事情，只是执法总队日常工作中很小的一个缩影。

据统计数字显示，仅2017年，市滇管综合执法总队就开展日常执法检查6478人次，巡查入滇河道553条次，组织开展了39次专项执法行动，查处各类违法排污案件775件，查处在滇池一级保护区范围内私搭乱建、擅自围堰施工，在河道保护范围内乱占乱建，危害河堤安全案件33件；取缔夜间违法在盘龙江取水洗车68起，劝阻教育钓鱼730人次，在江内洗物、游泳等不文明行为206起。此外，为加强对滇池面山监督管理，防止滇池面山关停的违法采石、采矿、采砂等违法行为死灰复燃，执法总队先后组织全体执法人员对晋宁、西山、五华、盘龙、呈贡、度假、高新、经开区的滇池面山108个采场（点）进行执法检查，并配合国土部门对在滇池面山范围内还在进行“五采”行为的单位进行关停。

作为负责查处各类向滇池水体、入湖河道、城市排水设施内排放超标污水，倾倒垃圾、固体废弃物，查处在滇池一级保护区、河道保护范围内私自搭建临违建筑等违法行为的滇管执法部门，近年来，这支仅有数十人的队伍每年都要开展6000余人次日常执法巡查，受理百余件群众举报，查处数百件各类违法案件，用实际行动表明了昆明对待违法排污、在滇池及河道保护范围内乱占乱建等违法行为“零容忍、严处罚”的态度，成了滇池及河道名副其实的“守护者”。

渔政处：滇池渔业资源“护卫者”

2017年9月30日起，滇池就进入了一年一度的开湖捕捞期，半个多月来，上千吨肉质肥美，动辄七八公斤甚至十多公斤一条的滇池野生大鱼和银鱼、小虾让昆明市民们饱了口福。与此同时，开湖期间辛苦劳作的渔民们也得到了少则一万元，多则四五万元的额外收入。而这，皆得益于多年来昆明市滇池管理局渔业行政执法处（以下简称渔政处）所开展的滇池渔业资源增殖放流活动，尤其得益于2013年起正式实施的滇池内源污染生物治理项目（即“以鱼控藻”三年行动计划），以及渔政执法人员常年来坚持不懈对偷捕

美人卧滇池——2010年摄

滇池渔业资源等违法行为的严厉打击。

驾驶着快艇驰骋于滇池水面开展执法巡查，是渔政处执法人员多年来每天的日常工作。看似酷炫，实则艰辛。虽然一路乘风破浪，但实际上颠簸不断，每隔两三秒快艇就会像车子碾过大石块一样咯咯作响；一个浪打过来，无顶的快艇毫无阻挡，冰冷的水珠直落到人身上；开湖期间，为了避开渔网，快艇还时不时来个急转弯，甩得人眩晕想吐；如果巡查期间遇上大雨，只能任由雨点打在头上、身上，用执法队员的话来说“只要3分钟内裤都能湿透”……而像这样的巡查平均一周就有10多次，每次至少两三个小时，风雨无阻。封湖期主要查偷捕、盗捕，开湖期主要查机动筏子等违规捕捞，而且经常是凌晨出去，夜里巡查的次数比白天还多！

近5年来，渔政处共出动船艇5035船次、执法车辆1873台次、执法人员16566人次，收缴船只、轮胎筏子等偷捕工具近千个，查获电捕器49台，行政处罚5194余人次。取缔清理违禁渔具工作中，共出动取缔船只9673条次、工作人员28512人次，清理取缔迷魂阵、地笼、虾笼等违禁渔具76.2万个，拔除竹竿44.5万根。

为削减滇池内源污染，恢复滇池水生生物多样性，近5年渔政处积极争取和落实人工放流渔业资源专项资金，将11040.55万尾滇池高背鲫鱼苗、约4169.9吨鲢鳙鱼鱼种投放入滇池。仅“以鱼控藻”三年行动计划投放的鱼苗，就转化出氮359.8–503.7吨，磷43.2–129.5吨。

为了恢复滇池湖湾产卵场功能，更好保护附着鱼类产卵所需的沉水植物，防止拖网、迷魂阵、地笼等违禁渔具作业，2015年底，渔政处、市滇管局水生生态研究所等单位还共同实施了“产卵场界定和人工鱼礁放置工程”项目，在滇池外海西华湾搭建了127个由钢筋混凝土制成的大小不一“人工鱼礁”，为滇池鱼类产卵搭建起了“避难所”和“保护湾”。

海事处：严守滇池营运船舶“安全阀”

近年来，滇池水质越来越好，风景越来越美，去滇池玩的人也越来越多，特别是各大节假日和寒暑假期，乘坐游艇、游轮“耍滇池”的人就更多了。而昆明市滇池管理局滇池地方海事处（以下简称海事处）就是负责滇池水上交通安全、船舶污染水体防治、滇池水域营运船舶的管理、打击非法营运船舶，开展船舶违章违规查处的职能部门。

（李艳萍 摄）

现场执法

工作中耐心讲解相关规定

清查非法排污　（本页图片由昆明市滇池管理局提供）

海事处统计数字显示，目前滇池中共有各类在用船舶221艘，其中，营运船舶134艘（含7艘趸船，救生艇8艘），在编公务船舶51艘，工程船舶36艘。营运船舶进入滇池，必须持有滇池管理局核发的《滇池船舶入湖许可证（临时）》。在办理营运船舶入湖许可工作中，海事处依法行政，规范管理，主动服务企业， 在严格规范管理营运船舶的同时，按照市委、市政府要求，精简审批流程，压缩审批时限，主动上门服务企业，最大限度降低企业办事成本，提高群众办事满意度。随着滇池保护治理的持续推进，滇池周边水环境不断改善。据滇池水上客流量统计，来滇池乘船游玩的游客以每年约10%的数量递增，截至2017年底已达到34万9千余人次。

为确保旅客和船舶安全，近年来，海事处、各营运船舶公司已基本建立完善了一整套的安全防范措施，严防各类安全事故的发生。“每周至少要开展3次日常巡检，在各节假日、重大活动等重要节点有针对性地开展自检自查，每天每条营运船舶运营前必须进行开航前安全与防污检查。”海事处一位执法人员告诉记者，“在各条船舶《船舶检验证书》中，对该船所需配备的消防、救生、灯光信号等设施设备数量进行了严格规定，这些设施数量是否达到要求、是否完好都是需要检查的内容。如果发现有安全隐患，就要求该船立即进行整改，并在年度目标管理责任书中扣分，达到一定的扣分上限，船舶和运营企业要停航整顿。”

此外，海事处还需对滇池水域内通航区域的安全设备设施、通航环境及状况进行管理维护巡查。为保障滇池水路运输的安全，海事处每年都要对滇池外海、草海航道、航标进行维护保养和升级。自2003年成立以来，海事处全体干部职工坚持不懈，严守滇池客船“安全阀”，滇池营运船舶未发生过任何安全生产事故和污染事故。

（作者系昆明市滇池管理综合行政执法局副局长）

滇池上的巾帼打捞队

文 / 张小燕

冬日的清晨，天还没亮。昆明西山区新河社区宁静的街道上，公鸡打鸣的声音此起彼伏，大部分人还在睡梦中，而来自“巾帼打捞队”的妇女们，已经陆续出门，开始一天的打捞工作了。

冬去秋来，年复一年，她们用 29 年的无私奉献，撑起保护滇池的一面旗帜。从亭亭少女，到两鬓斑白，她们将自己的青春都奉献给了滇池，她们也在滇池的水面上，留下了永不褪色的印记。

巾帼打捞队工作中

婆婆“回家”了，媳妇来“接班”

20 世纪 80 年代开始，滇池生态环境每况愈下。1988 年，当人们开始扔下渔具，开始外出打工，另谋生路时，来自西山区新河社区的一群曾经的渔家妇女，自发组织起打捞队，打捞滇池的水草和垃圾。

巾帼打捞队水上作业

她们都来自昆明土生土长的水上人家，祖祖辈辈生活在滇池水域上，靠着打鱼养活自己和家人。这群穿着印有“巾帼打捞队”字样背心的妇女们，将曾经的渔船，换成了打捞船，手里的渔网，换成了简易的网兜、耙耙。还是那双粗糙有力的双手，捞起来的却是一堆堆污染滇池环境的水草和垃圾。

时光荏苒，如今，“巾帼打捞队”已坚持了 29 年，打捞队员也换了不少。母亲年纪大了退下来，女儿接着干；婆婆“回家”了，媳妇来“接班”，打捞队中有的队员已是第三代人了。她们中年龄最大的已经 60 多岁，年龄最小的 37 岁，就是这样一支平均年龄在 50 岁左右的 50 余人打捞队，用她们的坚守，换回了滇池水质一点点地变清、变好。

巾帼打捞队的风采

她们皮肤黑了，手上布满老茧

29 年里，无论风吹日晒，队员们每天早上 7 点多就划着船进入滇池，开始一天的工作。一上船，队员们就要工作八九个小时，为了节约时间，每天的午饭也是在船上吃，匆匆吃几口饭菜后便开始下午的工作。

29 年里，她们承受着各种压力和不为人知的艰辛。长期的水上工作，不断的风吹日晒，她们的皮肤变得比一般人更黑了；繁重的劳作，让她们手上布满老茧，裂开了口子，有的还落下了腰酸背痛的病根。她们没有时间上岸享受午餐，更没有时间与家人共享天伦。

在一次打捞的过程中，队员杨水芝带着孩子去打捞湖心漂浮的一片水草，由于湖心水浪太大，木筏在水中开始剧烈摇晃，杨水芝 3 岁的儿子随即被打翻到水中，掉进了近 6 米深的水中，慌乱之中，杨水芝跳进冰冷的湖中，将年幼的孩子捞起，而这一次的经历，也让杨水芝自责了一辈子。"夜里做梦，经常梦到娃娃掉水里了，惊出一身冷汗。那一次，真是太危险了。"事后很多年，杨水芝每每想起那次的经历，都很后怕。

对于"巾帼打捞队"的队长李云丽来说，滇池打捞队是她的另一个家。每年的 6 至 8 月，是最难打捞的时候，这段时间风向乱，水草、垃圾会随风乱漂，又正处于雨季，不时会有降雨，打捞工作困难很大，让队员很吃不消。

每到这个时候，李云丽总是抢着上，把最难的区域和工作往身上揽，把相对简单的事情留给年纪较大的队员。"只要真心付出，就会有越来越多的人参与滇池保护，滇池水就能回到舀起就能喝的小时候。"李云丽说。

一如既往守护养育她们的母亲湖

多年艰苦的水上作业，并没有让她们放弃。相反，长期的打捞工作也让她们对滇池有了更深的眷恋。李秦芬是老队员，打捞队成立的时候，她就叫上婆婆、带上女儿，划着自家的小船出发了。29 年过去了，自己都不知道用破了多少只船，用坏了多少网兜。如今，自己已经当上了外婆，家人也多次劝她回家照顾小孙女，但她舍不得陪伴多年的滇池，依然每天坚持打捞滇池的垃圾。

"小小耓耙五齿耙，大家用它把草抓；一天抓它几万耙，治理滇池笑哈哈。"巾帼打捞队的队员们在工作中总会唱起这首小调，这也给她们平常枯燥而烦琐的打捞工作，增添了不少乐趣，也传递着她们对滇池治理的希望与信心。

多年来，昆明对滇池治理力度不断加强，滇池水质明显改善，这不仅是打捞队最大的精神支柱，也是所有昆明人心中最大的安慰。冬去秋来，年复一年，巾帼打捞队的辛勤工作使滇池水面的垃圾越来越少，打捞队的事迹也渐渐传开，属于她们的各项荣誉接踵而来。

首届七彩云南保护行动环境保护奖中，她们获评"十大环保杰出人物奖"，2013 年 3 月，又被云南省妇联授予"三八红旗集体"称号，2016 年 9 月，打捞队荣获"全国妇联优秀志愿者"荣誉称号……

无论是最初对滇池母亲湖的眷恋与不舍，还是如今三八红旗集体、十大环保杰出人物，这些荣誉赋予的是责任与担当。巾帼打捞队仍一如既往守护着养育她们的滇池，为还春城一池碧水，让高原明珠重放光彩而努力。

（作者系都市时报记者，本文图片由作者提供）

巾帼打捞队

三·湖光一派变春声（展望篇）

为让高原明珠滇池重新焕发美丽明亮的光彩，20世纪90年代开始，昆明开始了治理滇池的“明珠保卫战”。

经济的快速发展，城镇化率的不断提高，重重污染的威胁，给滇池造成很大的压力，更给滇池治理造成巨大的压力。但20多年来，滇池儿女治理滇池污染的决心和步伐一直坚定有力。

2016年，滇池草海、外海水质全年由劣V类提升为V类，成为1995年以来水质最好的一年；在国家年度考核中，滇池流域水污染防治考核取得了历史最好成绩；在中央电视台开展的“中国最美湿地”评选中，滇池湿地脱颖而出，成了网友们心中的“中国最美湿地”……滇池治理取得了阶段性成果！

昆明，这座处处飞花之城，如今正在加快建设区域性国际中心城市，滇池治理的成果，将为这个宏大建设增砖添瓦。

明珠重放彩，骚客众吟哦。治理与保护滇池，任重而道远。

戮力同心 砥砺前行
（刘云辉 摄）

捕鱼归来　　（章远玉　摄）

绿水青山就是金山银山

文 / 朱滔

众所周知，滇池之于昆明、之于云南、之于中国乃至世界的重要地位，也使得对其保护及治理的情况备受世人关注。尤其是党的十九大确立了必须树立和践行“绿水青山就是金山银山”的理念以来，如何治理好滇池、管护好滇池，成为我们这一代滇池管理工作者的最大考验和挑战。

没有最好只有更好

“汀蘋袅袅风色起，岸草萋萋春兴连。渔父濯缨歌鼓拽，姹女当垆工数钱。”（明杨升庵《春泛晚归》）上千年前，古滇国在滇池边建立，人们荡舟湖上，捕鱼拾菜，依滇池而居，靠滇池而生，滇池以母亲般的柔情，哺育了一代又一代的滇池人。

20 世纪 80 年代，经济发展的列车呼啸而来，生态文明建设意识的薄弱，环保设施的严重滞后，大量工业、生活污染物进入滇池流域。1988 年以后，草海水质总体变差，外海水质在Ⅴ类和劣Ⅴ

类之间波动。

20 世纪 90 年代，一场不见硝烟的“明珠保卫战”在春城打响。党中央、国务院高度重视滇池治理工作，从“九五”规划开始，连续 4 个五年计划将滇池水污染防治工作纳入国家“三河三湖”重点流域治理规划，国家各相关部委从政策、资金、项目、技术等方面给予强有力的支持。云南省委、省政府把滇池治理工作列为事关全省经济社会发展的全局性大事和生态文明建设的重点工程，尤其是“十一五”规划以来，进一步理清了治理思路，制定了中长期治理规划，以前所未有的重视程度和力度全面实施“环湖截污和交通、外流域调水及节水、入湖河道整治、农业农村面源治理、生态修复与建设、生态清淤”六大工程，成立省政府滇池水污染防治专家督导组，制定颁布《云南省滇池保护条例》。昆明市委、市政府把滇池治理当作全市经济社会发展的“头等大事、头号工程”，认真组织开展实施各项治理工作，落实目标任务，全面推进滇池治理。通过不懈努力，滇池水质恶化趋势得到遏制，富营养化程度持续减轻，水环境质量整体保持稳定，滇池湖体、主要入湖河道的水体景观及周边环境明显改善。经过多年的努力，滇池的治理成效有目共睹，虽然与古人吟诵的诗歌意境还有差距，但在中央、省、昆明市对滇池治理工作的高度重视和昆明全市干部群众的共同努力下，滇池治理走上了规范化轨道，并取得了显著成效。

在昆明打造面向东南亚、南亚辐射中心和区域性国际中心城市的进程中，尽管滇池流域经济快速发展、城镇化率不断提高，城市人口不断增加，但滇池治理仍取得了阶段性成效：水质恶化势头得到遏制，综合营养状态指数逐步降低，蓝藻、水华暴发逐年推迟、持续时间逐年减少、发生面积逐年缩小，沿岸逐渐恢复清风拂面、莺啼柳荫的美姿，滇池这颗历史悠久的“高原明珠”正逐渐绽放出往日光彩，显现出我国环境保护和水污染防治的标志性成果。

这些成绩的取得，离不开各级党委、政府和相关职能部门对滇池治理工作的支持及配合，正是在大家的共同努力下，至“十二五”末，滇池水体污染负荷明显下降，滇池水质和生态环境质量有明显改善。至 2016 年，滇池草海、外海水质全年由劣Ⅴ类提升为Ⅴ类，成为 1995 年来水质最好的一年！在国家年度考核中，滇池流域水污染防治考核取得了历史最好成绩；在中央电视台开展的“中国最美湿地”评选中，昆明滇池湿地脱颖而出，成了网友们心中的“中国最美湿地”；濒临灭绝的国家珍稀鸟类彩鹮在滇池边出现，受到中央及省市媒体高度关注……

但由于滇池治理的复杂性、艰巨性和不可预测性的存在，让我们清醒地认识到，成绩只代表过去，未来还有更大的挑战，作为呵护滇池的一分子，对我们来说，没有最好，只有更好，我们的奋斗目标和努力方向就是越来越好。

护滇事业万万千

每次从海埂大坝经过，看到无数游客聚集在此，呈现人鸥同乐的感人场景时，心中就不由升腾起这样的愿望，一定要把这一人间美景保持下去，并变得越来越好。

一直以来，昆明市严格贯彻落实《云南省滇池保护条例》《滇池分级保护范围划定方案》《环滇池生态区保护规定》《昆明市河道管理条例》《昆明市城市排水管理条例》，严格滇池流域建设项目环境准入监管，强化开发建设项目滇池保护审查和排水许可审批等，在疏通入滇河道方面，创新出台了“草海入湖河道及支流（沟渠）建立精准治污识别建档立卡签约责任制度”；完成新、老运粮河河口导流带建设，恢复、新建水生植物 1000 亩；完成玉带河、篆塘河、西坝河清淤除障工程和盘龙江南坝卧倒闸提升改造工程，实现牛栏江引水补水草海；完成第一、三、九水质净化厂出水第一阶段水质提质工作；完成草海周边 118 个、

929 亩水塘（鱼塘）的清退工作，拆除建（构）筑物 4000 平方米……

为了让全社会参与到保护滇池的行动中来，大专院校、科研院所和环保企业开展滇池保护治理专项合作，建立了工作合作机制，取得了一批显著成果。实施中德水专项滇池项目，利用德国专利技术完成污染底泥减量控磷控藻试验；实施洛龙河水质净化厂水质提升试验示范项目；完成草海水环境监测信息平台建设；开展草海水体流动场、滇池草海蓝藻绿藻生长机理影响要素等 6 个课题研究，科学指导草海水环境综合整治工作。

但正如习近平总书记说的一样，我国生态环境矛盾有一个历史积累过程，不是一天变坏的，但不能在我们手里变得越来越坏。滇池也是这样，从远古走到今天，在经历了有人类活动，尤其是现代工业文明和城市文明剧烈冲击的情况下，滇池的生态环境变得十分脆弱，也使滇池治理面临了前所未有的严峻形势和挑战，滇池保护的工作愈加显得使命光荣、责任重大。

滇池保护永远在路上

看不尽人海沉浮，听不完潮起潮落。于我来说，省作协会员裴国华写的《滇池吟》（诗三首）早已熟记于心，我认为这既是对我们治理滇池的肯定和鼓励，却更是一份监督和鞭策。

这三首诗是这样写的：

（一）昔日走访滇池感怀

垃圾渐渐多，臭水奈如何？
干净心中愿，清洁世上歌。
治污须趁早，除垢莫偏颇。
条例规章守，明珠荡碧波。

（二）今日重访滇池有感

滇池喜庆多，水秀自当歌。
百里舒画卷，一池生碧波。
琼浆滋沃土，明镜照仙娥。
睡美人常恋，骚人好咏哦。

（三）题赠“滇池治污”

碧水泛清波，玉池惊女娥。
飞鸥戏春水，岸柳舞婆娑。
洁净污源少，鱼虾水产多。
明珠重放彩，骚客众吟哦。

党的十八大以来，习近平同志从中国特色社会主义事业全面发展的战略高度，对生态文明建设提出了一系列新观点新论断新要求，为努力建设美丽中国、实现中华民族永续发展指明了方向。习近平同志指出：

明珠重放彩　（杨峥 摄）

滇池开海捕鱼忙　　（黄喆春 摄）

生态文明建设是一场“绿色革命”，是对传统工业文明的超越，它的核心是尊重自然、顺应自然和保护自然。生态文明新时代，就是实现人与自然协调发展、和谐共生的时代。美丽中国是生态文明建设的目标指向，描绘了生态文明建设的宏伟蓝图，关系人民福祉，关乎民族未来。

“滇池清，昆明兴”，只短短6个字，但它不应成为空洞的口号。昆明要实现绿水青山，没有滇池的美丽清澈就无从谈起。习近平总书记曾指出：“山水林田湖是一个生命共同体，人的命脉在田，田的命脉在水，水的命脉在山，山的命脉在土，土的命脉在树。”他说：“如果破坏了山、砍光了林，也就破坏了水，山就变成了秃山，水就变成了洪水，泥沙俱下，地就变成了没有养分的不毛之地，水土流失、沟壑纵横。”

在总书记看来，一个良好的自然生态系统，是大自然亿万年间形成的，是一个复杂的系统。如果种树的只管种树、治水的只管治水、护田的单纯护田，很容易顾此失彼，最终造成生态的系统性破坏。作为滇池管理工作者，我们对总书记这些指示的理解就是，既要动员所有部门和全社会群策群力来参与对滇池的保护，形成合力，也要抓住治理和保护的根本。如果割裂了整个大自然这个生态系统来谈治理和保护，很难实现对滇池的治理目标。

幸运的是，在总书记“要把生态环境保护放在更加突出位置，像保护眼睛一样保护生态环境，像对待生命一样对待生态环境”的指示下，在总书记对云南提出三个定位的要求下，滇池保护和治理形成了良好的社会氛围，出现了较好的局面。

与此同时，作为践行“绿水青山就是金山银山”重要理念的一项内容，昆明市委、市政府始终把滇池的治理保护作为生态文明建设的着力点和突破口，全面推进制度创新，争做绿色发展探路者。中央《关于全面推行河长制的意见》印发后，昆明市率先全省迅速制定、出台《昆明市全面深化河长制工作实施方案》，细化全市河长制工作的目标任务……

今天，听涛滇池畔，再聆听总书记“我们既要绿水青山，也要金山银山。宁要绿水青山，不要金山银山，而且绿水青山就是金山银山”这些话语时，总觉得思绪起伏，感慨万千。滇池治理永远在路上，建设美丽昆明的步伐永不会停止。当滇池再换新颜的时候，我想自己会站在西山之巅俯视浩渺滇池，感受朝来寒雨晚来风的日日夜夜，抒发幽古和察今的情怀，在晨钟暮鼓之中静听涛声依旧。

（作者系昆明滇池投资有限责任公司董事长）

清清盘龙江：母亲河巡礼

文／张倩

清晨，当隆冬的薄雾渐渐在晨曦中散去，盘龙江露出她清晰的容颜。历经岁月的沧桑，这个冬日早晨她依旧沉着温和，蜿蜒如盘龙，清澈又似玉带，向滇池奔流而去。沿途，红嘴鸥在她上空自由欢愉地飞翔；江岸盛开的冬樱花给她添上温暖的色彩；汽笛声，话语声，匆匆或缓慢的脚步声，自行车的“叮铃”声，风声……都是伴她流动的乐章，她将这座冬日的城市轻轻唤醒。

盘龙江从昆明北边的嵩山中来，带着自然的灵气和生命之源的使命。在她流淌的生命里，有昆明演进的历史片段和城市迈进的足音。她造就过昆明“四围香稻，万顷晴沙”鱼米之乡的富足，撑起过“千艘蚁聚于云津，万舶蜂屯于城垠”的热闹与繁华，架起过沿岸“烟柳画桥”的生活诗意，滋养过一代动荡时期的知识分子。千百年来，她以甘甜的乳汁滋养着昆明这方土地和人，每个昆明人都唤她为“母亲河”。

整治后的盘龙江　　（杨志刚　摄）

在历史上盘龙江曾多次发生水患，元代赛典赤对盘龙江进行分流治理，明清时期多次浚修海口、疏通河道、建闸筑坝。清孙髯翁著《盘龙水利图说》提了5条治理意见，在今天仍有借鉴意义。

20世纪80年代，盘龙江遭受了严重的创伤。盘龙江横跨城区，受人类经济活动的影响较大，随着昆明经济的快速发展和人口增多，周边出现越来越多的污染源。昆明72家列为污染源的企业，有28家分布在盘龙江沿岸，盘龙江沿岸40个村庄，有120多个污水口。每天大量工业废水和生活污水排入。工业污染主要源于食品加工厂、染布厂、造纸厂、塑料厂、纸箱厂、橡胶厂、冶炼厂的废水，生活污水主要是民众洗衣洗菜、洗拖把、洗马桶以及生活垃圾的排入。加上松华坝水源不足，不能及时更换水体，盘龙江水质变成劣Ⅴ类，被称为黑臭水体。河里的鱼虾消失了，岸边轻快的歌声也沉寂了下来。

面对受到重创的盘龙江，人们扼腕叹息，痛苦沉思，开始追忆起昔日她美丽的风光，盼望着母亲河好起来。

经过20多年的整治修复，眼前的盘龙江已重现清澈。笔者从北边的瀑布公园到北市区众多新桥，如霖雨桥、德胜桥、南太桥，一直到盘龙江入海口，即使冬日，沿路也见绿树成荫，花团锦簇，阳光下江水甚至清澈见底，盘龙江再现昔日美丽容颜。

源头活水来。一进昆明瀑布公园，震耳的水声和清新湿润的空气迎面扑来，一片红梅点缀其间。公园内不少老人、小孩在晨练。12.5米的瀑布倾泻而下，虽是人工，但蓬勃大气，浩浩荡荡，这就是牛栏江－滇池补水工程入滇水口，自2013年起，源源不断向盘龙江补给Ⅲ类水。瀑布公园的建成发挥了重要作用，给盘龙江母亲注入鲜活的血液，置换了滇池水体，同时也给城市制造了一片天然氧吧。盘龙区水务局工作人员说："每到节假日和周末，公园里游人如织。我们会趁此对老百姓展开环保宣传工作，去年一共发了30000多册宣传手册。"这对保护盘龙江源头起到了很重要的作用。过去，盘龙江的水主要来自松华坝，但由于水库承担着重要的城市生活用水功能，不能大量补给给河流。如今还有一股小小的清流注入盘龙江。在26.5米堤坝下仰望这松华坝的一池碧水，知道它防洪蓄水，为民造福，对其敬畏之感油然而生。盘龙江的清澈源于这两股源源不断的清流。

建立综合治理长效机制。"盘龙江治理成果是看得见的，我们还是非常有底气的，可以说这在中国的河流治理中都是一个典范。"昆明市滇池管理局河道处易军说，作为最大的入滇河流，盘龙江的治理受到省、市两级政府的高度重视。20世纪90年代末期，省、市政府开始对盘龙江中段进行综合整治，但成效不显著，盘龙江一直处于劣Ⅴ类水质。"十一五"期间，制定并实施了一套盘龙江综合治理的长效机制。由昆明市滇池管理局统筹，各个区根据各流域段情况针对性地进行治理。

清淤截污。用河道管理工作人员的话说，"治理河道就像家里打扫卫生，发现哪里脏了，就要及时进行清扫"。治理要采取一系列措施，安装截污管，河道清污分流。盘龙江有马溺河、金汁河、花渔沟、麦溪沟、清水河、洋清河、东干渠、玉带河等20余支流（渠）。这些支流（渠）与盘龙江主干是主动脉与毛细血管的关系，每条支流（渠）需要清淤排污，定期进行监测，一有问题，及时通知责任单位进行整改，才能保证整条河流的通畅健康。针对一些污水处理厂排放污水水质不达标的情况，水务局便与污水处理厂沟通协调，解决污水厂超负荷处理能力，必要时截断污水，减少对盘龙江的污染。

河道绿化。近年来盘龙江形成了一条完整的水系，绿化景观有了明显好转。沿岸乱搭乱建的现象逐渐消失，江岸的翠柳、冬樱、海棠、滇朴给河道带来无限绿意与生机。在"十三五"规划中，昆明将提升和打造盘龙江沿线景观绿化，打造特色廊道。改善盘龙江生态，同时给人们带来一条休闲娱乐的绿色长廊。

昆明市滇池治理河长会议　　（昆明市滇池管理局　供图）

河道保洁。为了确保河道保洁质量的进一步提高，各区入滇河道采取招投标方式确定河道保洁企业，具体落实到河道保洁人员，专门的保洁人员定期对河道全线进行保洁，争取不让一滴污水进河道、入滇池。

实行河长制。2008 年 3 月，昆明全面推进河长负责制。明确了河（段）长的设置及职责，由市级领导担任 36 条出入滇池河道的河长，对河道保护管理实行分段监控、分段管理、分段考核、分段问责。沿盘龙江，每隔一小段，都有一个"河长公示牌"，指示牌上市级、区级、街道和社区河长都有明确划分以及职责。

加大执法力度。在走访盘龙江的一路上，几乎每时都见市滇管局、各区水务局执法大队的执法人员在巡查。滇管局执法人员告诉我，目前市民主要存在取水洗车、游泳、钓鱼、放生等情况。"钓鱼、游泳等活动在过去都是合理合法的，为什么现在要严厉禁止？"执法人员笑了笑说："现在水清了，游泳既危险又影响市容市貌，游泳者擦了香波也会污染水体。现在水质刚恢复好一些，从滇池回游的鱼虾立马就被钓走，这些无疑是对盘龙江生态的破坏。所以要加强执法，但对市民我们多用劝告的方式。"

在交谈过程中，五华区水务局工作人员给我看了执法管理微信群刚发来的信息："区行政执法人员凌晨 1 点对盘龙江二环桥段洗车问题进行执法巡查，取缔路边洗车点 1 起，收缴水桶 5 只、抹布 6 块。""凌晨 1 点 4 分盘龙江白云桥段……"他说到市民取水洗车的现象是最普遍的，也是最难消除的。河道治理，除了政府及相关工作人员需要做好管理及各种工作外，也需要全市市民的自觉行动，保护和爱护好母亲河。

跟随着盘龙江来到入滇池口，远处西山睡美人与滇池连成一线。蓝天湖水相互映衬，盘龙江这一湾河水，穿越城市的繁华与喧闹，静静汇入滇池的怀抱。

盘龙江母亲，见证的不仅是岁月的沧桑，滋润的不仅是万物的生长，她用甘甜的乳汁哺育了一代代昆明人，成就了他们的故事。

（作者系《天雨流芳》丛书编辑部助理编辑）

亚洲最大的人工瀑布

——昆明瀑布公园

瀑布气势
（张伟 供图）

文／张伟

昆明这个亚洲第一大瀑布诞生不易！其实，建造者不仅仅是为了让其增添一个瀑布景观，它的背后负有重大的使命。

起因是近30年来盘龙江、滇池水源逐年减少，且水质日益恶化。这些年由于城市不断扩大，人口延续剧增，以及气候环境变化等因素，使松华坝水库库容减少。为确保生活饮用水储备，松华坝很少向盘龙江开闸放水，到旱季时盘龙江段部分河道水很浅，甚至几乎断流；滇池水位偏低，水质愈加变坏，污染上升到劣V类水以上。为了拯救母亲河和母亲湖，十几年来从中央到地方领导以及水利专家一直忧心如焚。因滇池是我国六大淡水湖之一，又是西南三省第一大湖，故各级政府一直把滇池水污染治理作为事关全省发展全局的头等大事来抓。早在2003年省政府研究滇中引水时就提出向滇池补水的问题。外调水犹如输血，只有具备充足的清洁水源，才能加快水体循环和交换，恢复滇池流域良性生态。2007年，水利等相关部门共拿出了14个补水滇池方案。决策者选出“金沙江”“南盘江”“牛栏江”3个补水方案，最终确定了“牛栏江方案”。

2013年9月25日，经过6年艰苦努力，牛栏江—滇池补水工程终于全线通水。工程让“水往高处流”，将水提升到233.3米的高度，相当于每天让将近200万立方米的2类水爬上七八十层楼之高，才能输入到昆明方向。全长115.6公里的输水线，要穿山越谷，开凿104.3公里的隧洞，占输水线路的90%；盘龙江从嵩明县梁王山发源地到滇池入海口，全长也才 105 公里，此工程胜过再造一条盘龙江。再与松华坝南部连接盘龙江处做了个精彩优美的对接，才造出这个让人们惊喜的人工瀑布。瀑布公园 2016 年 1 月建成并免费开放。

牛栏江之水汇入盘龙江中，引水济昆工程按理可说是大功告成，然而，设计者仍未止步，又往前跨出了优美的一步。他们充分利用引水工程的水资源，让昆明山水更添灵动之美景，让生态改善再提升。当你盛夏酷暑进入瀑布公园，就会感受到扑面而来的丝丝凉爽水汽。瀑布景观区充分利用牛栏江引水入滇工程项目，通过局部地形改造，形成人工瀑布及湖泊，利用约 12.5 米的落差，建成宽幅约 400 米的人工瀑布。让游人兴奋的是，进入瀑布口下那别有洞天的人行栈道内，宏大的水跌落，那轰然飞溅的碰撞声使人有振聋发聩之感。还犹如冒闯花果山水帘洞，得撑起雨伞才可保全身体不被淋湿。若你想贪图拍摄水帘挂川奇景，相机、手机就会淋湿。此刻我想到寒冬时节，老幼游客最好不要进入水下栈道，避免突受寒凉而患感冒。这一点没有夸张，让游人亲身体会去吧。

据悉，该人工瀑布属国内幅宽最大、流量最大、规模最大的人工瀑布。如果你远观几次不觉得怎么稀奇刺激，那我冒昧提醒你，就要学苏东坡用深入认识事物真相的态度，从不同角度和远近去观赏庐山："横看成岭侧成峰，远近高低各不同，不识庐山真面目，只缘身在此山中。"要想富有理趣地充分感受昆明瀑布之壮美，身临其境仍不够，还必须从不同角度去零距离接触，才觉得昆明瀑布壮美无比，气势磅礴，充满无限魅力，才会有"飞流直下三千尺，疑是银河落九天"的神奇感受。

这一宏伟工程的社会价值体现在引牛栏江水济滇是利用出水口和盘龙江 12.5 米的高差，通过上、下塘及跌水的建设，对牛栏江来水进行曝气、增氧、削减污染、沉淀泥沙，能改善和稳定牛栏江来水水质。项目建成后，作为昆明城市应急供水水源，在昆明市出现干旱缺水等极端枯水年，可每天向城市应急供水 30 万立方米，并向滇池补注大量清澈的水源，不断置换不良水体，最终让盘龙江和滇池水质越来越好。此系举世瞩目的调水工程：是从牛栏江向滇池补水工程入滇主河道水口；是集昆明城市饮用水通道、城市防洪、水质改善、河道整治、城市供水、滇池治理、景观提升等多功能于一体的综合设施建设项目。这无疑为北部山水新区景致平添一笔灵动的浓墨重彩，使整个大昆明的品位、档次、价值都得到极大提升。

迄今为止，昆明人工瀑布为亚洲第一大人工瀑布。原亚洲最长人工瀑布是广西柳州蟠龙山瀑布，其主瀑布宽约 220 米，高约 12 米。而昆明瀑布公园内的瀑布建成后呈现直线幅宽 300 米、展开面长 400 米、瀑布过水面长 340 米、高差 12.5 米的巨型瀑布景观，已取代蟠龙山瀑布成为亚洲最长，落差最大的人工瀑布。

（作者系云南省民族艺术研究会会员、昆明市作协会员）

瀑布公园　（官玲　供图）

滇中城市经济圈与滇池

佛光照帆影 （章明 摄）

文 / 孙伟

作为中国第六大淡水湖，滇池宛若镶嵌在云岭高原上的一颗璀璨明珠，熠熠生辉、生生不息。千百年来，先民们围绕滇池逐水而居，以滇池为中心创造了灿烂的滇文化。滇池被誉为昆明的“母亲湖”，这位温婉慈爱的母亲给予她的子民无尽的智慧和创造力，于是昆明便有了3万多年的人类发展史，2400多年的文明史，1240多年的建城史，700多年的省会城市史，成为国务院首批公布的历史文化名城。

上善若水，滇池是低调而内敛的——发源于嵩明县梁王山麓，由北向南在近百公里的行程中收容了30多条大大小小的河流，然后把它们拢在身边合为一体，一同注入普渡河，汇入金沙江，成为长江水系不可或缺的生力军。

广袤的滇池流域孕育了高度的物质文明，支撑和带动着云南省经济社会持续健康、又好又快发展。以省会昆明为例，权威统计显示，2016年，昆明市全年地区生产总值（GDP）4300.43亿元，约占全省GDP（14869.95亿元）的三分之一，在全省16个州市中排名第一，发挥着“一市带全省”的重要作用。

一枝独秀不是春，百花齐放春满园。事实上，一直以来，昆明市的GDP每年均以一定增长速度领跑全省各州市，这是作为省会中心城市应有的责任和担当。面对全省经济发展不平衡、不充分的客观现状，省委、省政府审时度势地制定了《滇中城市经济圈一体化发展总体规划（2014—2020年）》，抢抓国家“一带一路”、长江经济带和桥头堡建设等重大机遇，统筹谋划、协同推进，构建以滇中新区、昆明市、曲靖市、楚雄彝族自治州和红河哈尼族彝族自治州北部7个县（市）为发展空间的滇中城市经济圈，推进基础设施、产业发展、市场体系、基本公共服务和社会管理、城乡建设、生态环保6个“一体化”建设，加快推进形成“一区两带四城多点”

的滇中城市经济圈空间发展格局。一区，即滇中新区；两带，即昆明—玉溪拓展至红河州北部旅游文化产业经济带和昆明至曲靖绿色经济示范带；四城，即昆明、曲靖、玉溪、楚雄4个中心城市；多点，即区域内的49个县市区。

有关专家分析指出，《规划》科学严谨地擘画了滇中城市经济圈的未来发展。数据显示，滇中城市经济圈占云南省29%的国土面积，集中了全省44.06%的人口和超过65.56%的生产总值。滇中城市经济圈一体化打破了以行政区划为界线的经济发展模式，以更宽的视角和更广的空间谋划区域经济发展新模式。

2015年9月7日，国务院批复同意设立云南滇中新区，滇中新区成为全国第15个国家级新区。滇中新区位于滇池保护区范围外东西两翼的安宁市、嵩明县和官渡区部分区域，规划面积482平方公里。按照发展目标，到2030年滇中新区将成为带动云南发展的重要增长极和中国面向南亚、东南亚辐射中心的重要支点。

展开滇中新区规划图，东片区的嵩明县、空港经济区与西片区的安宁市就像一只蝴蝶的两片翅膀翩翩起舞，东西呼应、同频共振。如同"蝴蝶效应"带来冲击波，国家级滇中新区对滇中城市经济圈一体化产生了积极的推动作用。

"滇中兴则云南兴，滇中强则云南强"，为推进滇中城市经济圈一体化发展，省委、省政府把加快路网、航空网、能源保障网、水网、互联网"五网"建设作为谋划和推动全省跨越式发展的重要举措。在此"五网"建设中，路网建设是重中之重，随着一条条高速公路建成通车，滇中城市经济圈高速路网雏形初现，实现了昆明、曲靖、玉溪、红河、楚雄滇中5城和滇中新区之间互联互通，滇中城市经济圈异地同城、资源共享的梦想正变为现实。在此过程中，滇中新区依托良好的区位优势和资源禀赋，全力构建滇中新区综合交通系统——计划到2020年，建成"3+1+1"通行圈，即：面向南亚、东南亚的国际门户3小时空港经济圈，滇中城市1小时交通圈，新区产业高地1刻钟通勤出行圈，形成新区与昆明、滇中城市经济圈互联互通、共建共享、配套完善、一体运行的现代化综合交通体系。

滇池孕育了滇池流域的繁荣，同时也付出了沉痛的代价。滇池保护与治理刻不容缓。党的十九大报告明确指出，树立和践行绿水青山就是金山银山的理念，像对待生命一样对待生态环境，实行最严格的生态环境保护制度。为加强滇池保护治理，早在1988年7月1日，昆明市就颁布实施了地方性法规《滇池保护条例》；2013年1月1日，云南省人大常委会颁布实施《云南省滇池保护条例》，两部《条例》的实施对保护滇池资源、防治污染、改善生态环境等方面发挥了积极作用。

为进一步加强滇池保护治理，2017年9月，昆明市决定开展滇池保护治理3年攻坚行动，提出把滇池保护治理作为头等大事、"一把手"工程，全面深化河长制，扎实推进滇池流域水环境综合治理，滇池水质保持了企稳向好态势。按照部署，昆明市正在采取有效措施，计划在2018年滇池水质（含雨季）基本消除劣Ⅴ类，全年水质达到Ⅴ类水标准；2018年底前入滇河道全面消灭劣Ⅴ类水体。

滇池，从远古走来，向未来奔去，逝者如斯，不舍昼夜。滇池清，昆明兴。保护治理滇池的誓言铮铮：不信滇池水不清！

（作者系滇中新区报副总编辑）

园林生活风景如画　　（杨志刚　摄）

一座湖与大健康之城

鸟瞰滇池与城市　　（杨志刚　摄）

文 / 余卫东

“大观楼在公园内，但美的地方却不在园内，而在园外。园外是滇池，一望无际。湖的气魄，比西湖与颐和园的昆明池都大得多了。在城市附近，有这么一片水，真使人狂喜。”这是著名文学家老舍《滇行短记》中描写滇池的印象。滇池调节昆明坝子的小气候，使昆明作为高原湖滨城市而兴起，成为一座“春天的城市”。一座湖与一座城市的关系，从来都是血肉相连的。

北纬 25 度这一地域，是世界公认的黄金气候生态带，是一条人类首选的休闲、度假、养生的生命带。而昆明，就位于北纬 25 度上，其全年暖风吹拂，无霜期高达 300 天以上，年平均气温 16℃，全年温差仅 12℃，全年日照时间超过 2445 小时，全年无极端气候，无严寒，无酷暑……充足的阳光，赋予万物生长的力量；宜人的气候，造就温润生命的温床；四季不败的鲜花，以生长之美礼赞生命；享誉中外的“春城”

昆明，成为名副其实的全球最宜居之地。

昆明风光旖旎、四季如春，具有独特的气候资源优势和高原湖滨生态优势，是世界知名的“春城”“花都”，更是休闲、旅游、度假、居住的理想之地。生物多样性资源丰富。云南有“动物王国”“植物王国”美誉，天然药物资源品种量全国第一，中药资源、药用植物、天然香料等占全国半数以上，形成了云药、云茶等“云”系列产品。民族多样性誉满全球。云南全省有 25 个少数民族，其中有 15 个特有民族，孕育了丰富的民族医药、民族文化、民族节庆，建成了世界最大的少数民族基因库。开放门户的地位凸显。昆明地处中国—东盟自由贸易区、大湄公河次区域、泛珠三角经济圈“三圈”交汇点，是中国面向南亚东南亚开放的前沿和重要门户。

随着大健康时代的到来，这些独特的发展条件日益凸显，尤其是“健康中国”“一带一路”“长江经济带”等国家战略密集叠加云南，为昆明发展大健康产业提供了坚实的政策保障。

滇池对气温的调节作用，水对空气的浸润，以及湿润的空气和森林绿地带来的丰富负氧离子，形成远离污染、远离噪音、远离 PM2.5 的自然屏障，随时鲜氧洗肺的滇池畔，更是昆明健康人居的理想地。由湖居时代演变而来的昆明，已走在回归品质湖居的路上。

近一年来，古滇名城滇池国际养生养老度假区在滇池南岸、绿地春城·滇池国际健康示范城落户大渔片区，亚洲财富论坛永久会址暨国际财富小镇项目落地滇池白鱼口片区等等，一个个环湖而居的养生养老项目，使昆明大健康之城的梦想，日益变成现实。

2016 年 12 月 14 日，“2016 年昆明大健康国际高峰论坛”在昆明开幕，来自美国、英国、中国工程院等健康行业的 300 余名专家、学者齐聚一堂，共同探讨昆明大健康产业发展的方向及未来。

“到 2020 年，昆明累计实现保障基本医疗卫生服务的民生项目总投资规模将达到 2000 亿元以上，到 2025 年，累计实现项目总投资规模达到 6000 亿元以上。”当天，昆明市市长王喜良正式发布了《昆明市大健康发展规划 (2016—2025)》(以下简称《规划》)。

根据《规划》，昆明将全力打造高端医疗服务、民族健康文化、适度高原健体运动、候鸟式养生养老、健康产品制造、生命科学创新六大中心，将健康政策融入全局、健康服务贯穿全程、健康福祉惠及全民，把昆明打造成为健康产业发达、健康文化鲜明、健康服务完善、健康春城品牌靓丽、具有国际影响力的“中国健康之城”。

《规划》明确，到 2020 年，基本形成覆盖全生命周期、内涵丰富、特色鲜明、结构合理的大健康体系，建立起覆盖城乡居民的基本医疗制度，健康服务体系完善高效，“健康春城”品牌深入人心，总体发展水平进入中国先进行列。到 2025 年，促进全民健康的制度体系更加完善，健康服务质量和保障水平不断提高，健康产业实现繁荣发展，“健康春城”品牌国际知名，全市形成以大健康为引领的创新发展新格局。

《规划》还规定，昆明大健康生态圈构建和发展的重点，是立足昆明独特优势，把握大健康发展趋势，坚持以“医、药、养”为核心，以“健、食、农、管”为延伸，融合旅游、文化、大数据、金融、房地产，打造六条特色产业链，将大健康培育成为昆明的新动能。

“发展大健康，有利于昆明将自身优势与‘健康中国’精准结合，探索昆明发展新模式；满足广大民众的多元化和个性化健康消费需求，将健康福祉惠及全民。”王喜良表示，发展大健康还有利于树立龙头产业，培育形成新供给新动力；提高基层，特别是农村和贫困地区医疗卫生服务能力，助力扶贫攻坚建设。此外，还能搭建平台，整合全球健康资源，服务全球健康需求，支撑打造区域性辐射中心。

滇池清，昆明兴。建大健康之城昆明，这将不是梦，而是美好的未来！

（作者系《天雨流芳》丛书副主编）

滇池湖畔的世界花都

李克强总理考察斗南花市　（斗南街道办事处 供图）

斗南鲜花　（新华网）

文／李林

春城无处不飞花，用此话来形容斗南是再恰当不过。

谁也不曾想到，1983 年扛着一把锄头的呈贡斗南村民华忠义，在自家的三分地里，锄下一株剑兰，种出一个传奇，开创了从渔船到花田，从花田到花乡，从花乡到世界花都的历史。

斗南，彝语“目登登”，汉话“向阳坝子”。温暖的阳光、充沛的雨水、广阔的滇池，滋养了肥沃的土地和勤劳智慧的人民，赋予了滇池东岸的斗南别样之美。30 多年前的斗南，籍籍无名、朴实无华，30 多年后的斗南，春城花都、四季芳华，成为中国乃至亚洲最大的鲜切花交易市场，是中国花卉市场的“风向标”，站在这里呐喊一声，甚至能使整个亚太地区的花价“抖上三抖”。

这里勤劳拼搏的人们，凭着一枝鲜花，导演了一部精彩纷呈的花卉大剧，他们紧跟共产党前进的步伐，沐浴着改革开放的春风，以“乘风破浪万里航”的精神，奋力书写着“一支独放就是春”的正道沧桑。

“君斗南”勤劳善良、广纳贤客。自 1983 年华忠义菜篮里的第一枝剑兰卖出了超过蔬菜的“好价”后，精明的斗南人逐步开始了花卉的商品化生产，到 20 世纪 90 年代初斗南已变成了家家以种花为主的花乡，并自发形成了一个小型花卉交易市场，吸纳了周边区域的花农来此交易；1999 年，在各级党委政府的大力扶持下，一个占地 74 亩的斗南花卉交易市场水到渠成。与此同时，斗南先后引进一批花卉龙头企业入驻，率先走出了“公司 + 农户 + 基地”

斗南花潮　（资料）

斗南花市热闹非常　（斗南街道办事处 供图）

花市日常　（新华网）

的产业化发展路子，一批批斗南人走出去扩大种植规模，让斗南花卉的触角向外延伸。输出技术、人才和资金的同时，将一支鲜花造富的故事写得更加宏大，斗南成了闻名全国的“花乡”。

“金斗南”繁花似锦、光彩夺目。历经30余年的积淀和发展，斗南鲜花交易已连续20多年交易量、交易额、现金流、交易人次位居中国第一，云南省80%以上的鲜切花和周边省份、国家的花卉进入斗南交易，日上市鲜切花100个大类1000多个品种，平均每天有500—800吨鲜花销往中国各地，并远销50多个国家和地区，“买全国的花，卖全国的花”已不再是一句口号。花卉市场、拍卖市场、盆花市场在这里蓬勃发展，2000余家花卉经营户、上万名花卉经纪人、46家大型包装物流企业在这里拼搏成长，一个花花世界已然开放。

“花斗南”静默生长、永葆生机。2003年，呈贡新区建设启航，将斗南花卉产业融入现代新昆明建设和滇池治理的大格局中进行谋划，成了总方针。10多年来，围绕新区建设，围绕滇池治理，一片片大棚消失了，斗南的花卉种植全部向外转移，一场变局亟待破解。斗南国际花卉产业园区，这是斗南的应对之策，也是斗南花卉的崛起之机，规划中的6000余亩土地，现已成为一片市场，一座地标，一个品牌，承载了斗南花卉的新生。旅游、文创、花艺等新元素的注入，将斗南花卉装扮得更加多姿。昆明盆花苗木市场、斗南盆景花卉生态园用小盆花撬动了大市场，让社区集体经济在保护滇池中发展，在发展中保护滇池，永葆勃勃生机。

“新斗南”一城花开、世界芳香。2017年1月24日，国务院总理李克强夜访斗南花卉市场，他的一句“现在斗南花卉市场已经是中国第一、亚洲第一，希望你们向世界第一迈进！”更加激活了斗南人的信心和干劲，2017年6月15日，昆明斗南花卉小镇成功入围云南省创建全国一流特色小镇名单，斗南被推到了更大的聚光灯下。将斗南花卉小镇建设成为花卉产业提升的新动能，“产、城、人、文、旅”融合发展的新平台，就地城镇化转型升级的新典范，力争到2019年将斗南花卉小镇建设成名副其实的“中国花卉第一镇”，这是斗南的新目标。今天的斗南，已花香满春城，未来的斗南，将合着伟大事业新征程的节拍，深深植根于泥土，花开人间。

一花天下春，“世界花都”暖人心的跳动，仍在勇毅笃行、蹄疾步稳。

（作者系呈贡区斗南街道党工委书记）

斗南花卉市场花海　（新华网）

东大河湿地　　（宋绍华　摄）

滇池流域景观生态大格局

文 / 余仕富

景观生态格局是指空间生态格局，即斑块和其他组成单元的生态类型、数目以及空间分布与配置等。景观生态格局在很大程度上控制着其功能的特征及其发挥，影响着其中物质、能量和信息各种流的过程及其形式，并对景观生态的性质、变化方向起着决定性作用。

滇池流域是昆明最重要的城市聚集区，滇池是昆明生存和发展的重要基础。随着滇池周围人口的不断增加和经济的迅速发展，人类的活动已成为流域景观生态格局变化主要的驱动力。滇池流域作为一个完整的自然地理单元，其景观生态格局是自然和人类活动叠加作用的结果；同时，流域景观生态格局演变直接制约着流域内水文过程、水化学过程、生物过程等过程的发生发展，构建滇池流域景观生态大格局对维持流域的生态安全和支撑社会经济的持续发展至关重要。

根据滇池流域地形地貌和水文特征、土地利用状况、社会经济布局，综合有关方面的研究成果，滇池流域景观生态大格局的构建可以概括为“1 核 2 类 3 区 4 廊 5 片”。

“1 核”：一个生态核心区

滇池是整个流域的生态核心。改善滇池的水环境质量，促进水生生态系统的良性健康发展，是流域生态保护工作的基本出发点和根本目标。该区域内要加大生态系统建设和保护力度，在滇池水体和湖滨带内加强生态系统保护和修复，形成稳定、安全的良性健康生态系统。

“2 类”：两大生态类型

滇池流域的两大生态类型分别指自然生态系统类型和人工生态系统类型。目前，城镇生态系统在整个滇池流域土地总面积中虽只占七分之一，但对整个流域的生态格局和生态安全产生了很大的影响，人类活动也成为滇池水体污染和流域生态破坏最主要的因素之一。城市化率的提高，必然伴随着城镇用地面积的增加，在此过程中应避免其不断扩张、圈层拓展，特别是要避免昆明中心城区进一步“摊大饼”式扩张。多层次生态引导，优化城镇空间布局，在人工生态系统之间必须留出足够自然生态系统，形成分散组团式空间发展模式。

“3 区”：三大生态分区

根据滇池流域的地形地貌和水文特征，可以将整个流域大致分为山地水源涵养保护区、台地开发建设发展区和湖滨平原开发控制区三大生态区。山地水源涵养保护区重点要加强植树造林和林草保护，抓好水土流失治理，提高森林郁闭度，发展生态农业，严格控制建设、工矿和农业开发活动对生态系统的扰动；台地开发建设发展区是城镇建设的重点区域，要按照生态环境容量和水资源承载力进行合理的规划和控制，避免城镇之间的连片发展，以自然生态系统为屏障，形成分散组团式布局；湖滨平原开发控制区一方面要严格控制开发建设的强度和总量，另一方面要在滇池外围构建生态保护区，形成滇池生态防护带。

“4 廊”：四种生态廊道

滇池流域的四种生态廊道分别指滨湖生态廊道、城镇生态廊道、河流生态廊道和道路生态廊道。

滨湖生态廊道：在滇池外围构建生态防护带。功能包括消纳集中处理后排放的城镇污水和暴雨径流挟带的污染物，有效削减进入滇池的污染负荷；为动植物提供良好的栖息繁衍场所，提高湖滨的生物多样性和生态系统的安全性；形成重要的生态景观湿地，提升环滇池旅游景观和土地利用价值。

城镇生态廊道：在主城与呈贡之间，主城和空港之间，空港和经开区之间，呈贡、度假区大渔片区和高新区马金铺片区之间，高新区马金铺片区和晋城之间，晋城和昆阳之间，昆阳和海口之间，海口和太平、西山之间，强化生态绿地建设和植被恢复构建城镇生态隔离带，成为城市组团之间连接滇池和山体的重要生态廊道，以自然生态系统为屏障，形成分散组团式城市布局。

河流生态廊道：包括河道、漫滩、河岸、堤坝和部分高地，在河流及其两岸构建生态林、灌、草为主休的网状河流生态保护带，成为沟通各种生态系统的重要通道，维护水系功能联通，改善自然系统的连通性，提高生态系统稳定性，控制水流和养分流动，削减泥沙和养分的入湖量、改善水环境质量。

道路生态廊道：依托道路沿线构建绿化为主体的网状道路景观游览和生态防护带，提升土地和景观利用价值，进而带动道路沿线城镇的生活经济发展和城市基础设施建设，吸引人口和产业的向外疏解，使整个城镇体系和产业布局趋于合理。

“5 片”：五个生态保护片

按照滇池流域生态系统土地利用主导类型，将整个区域划分为滇池生态保护区、城镇生态修复区、城镇生态控制区、城镇建设发展区、饮用水源涵养区 5 个生态保护片，有针对性地加以保护和利用。

滇池生态保护区：属于滇池生态核心区，具体包括滇池水体保护界桩向外延伸 100 米（沿滇池防浪堤或 1887.4 米水位线向陆地向外延伸 200 米）以内区域的滇池水域和湖滨带，但保护界桩在环湖路（不含水体上的桥梁）以外的，以环湖路以内的路缘线为界。滇池生态保护区面积为 323.97 平方公里，占滇池流域的 11%。该区域内要以滇池生态系统恢复和水环境质量改善为目标，一是原有鱼塘及原用土地应当逐步退塘、退耕，原居住户应当逐步迁出，实现还湖、还湿地、还林；二是在滇池水体和湖滨带内科学种植有利于净化水体的植物，以及放养有利于净化水体的底栖动物和鱼类；三是禁止新建、改建、扩建与滇池保护治理无关的建筑物和构筑物，已经建设的项目要采取限期迁出、调整建设项目内容等措施依法处理。

城镇生态修复区：主要是滇池生态保护区以外至滇池面山以内的城乡规划生态建设用地区，也是城乡规划禁止建设区域，具体包括环湖路及滇池周边的重要山体、湿地公园和自然保护区的核心区等。城镇生态修复区面积 393.84 平方公里，占滇池流域的 14%。该区域内要以修复生态环境为目标，一是禁止新建、改建、扩建与生态环境保护无关的建筑物和构筑物；二是原用土地应当逐步退耕还林还草，与河道整治、道路建设同步建成生态廊道。

城镇生态控制区：主要是滇池生态保护区以外至滇池面山以内的城乡规划生态控制用地区，也是城乡规划限制建设区域，具体包括重要的生态廊道、邻近城镇的森林公园和自然保护区的控制区等。城镇生态控制区面积为 213.1 平方公里，占滇池流域的 7%。该区域内要以生态林建设为主为目标，一是严格控制生态旅游、文化等项目建设规模，严禁建设其他房地产项目；二是与河道整治、道路建设同步建成网状生态廊道，对 25 度以上的坡耕地限期退耕还林还草。

城镇建设发展区：具体包括滇池生态保护区、城市生态修复区和生态控制区以及饮用水源涵养区以外，滇池流域以内的区域，主要为昆明主城区以及呈贡新区、晋城新区、昆阳新区等新区的规划适宜建设用地区，是城镇和经济活动布局的重点区域。城镇建设发展区面积为 1112.56 平方公里，占滇池流域的 38%。该区域内要以减少污染、减少用水、降低能耗为目标，一是对城市污染进行综合治理，合理调整产业结构和用地布局，严禁建设不符合国家产业政策的造纸、制革、印染、染料、炼焦、炼硫、炼砷、炼油、炼汞、电镀、化肥、农药、石棉、水泥、玻璃、冶金、火电以及其他严重污染环境的生产项目；二是以提高社会经济效率为发展重点，大力发展低碳生态产业、高技术产业，严格控制劳动密集型产业和房地产、写字楼的发展；三是强化自然山体保护，与河道整治、道路建设同步建成生态廊道，对 25 度以上的坡耕地限期退耕还林还草。

饮用水源涵养区：具体包括松华坝水库、自卫村水库、宝象河水库、柴河水库、大河水库、洛武河水库、双龙水库和呈贡吴家营饮用水源地，饮用水源涵养区面积 876.53 平方公里，占滇池流域的 30%。该区域内要以保护山地生态系统和城市发展赖以生存的滇池上游水源为目标，一是严禁建设破坏生态环境和水源的项目，严格控制区内经济活动强度、产业发展方向、人口数量，改善基础设施条件，引导区内人口向有利于水源区保护的生产生活方式转变；二是加大滇池面山绿化力度，25 度以上的耕地实行退耕还林，加强生态环境建设和水土流失治理，保护天然植被，禁止开山采石、滥垦滥伐，提升水源涵养功能；三是严格保护区内的基本农田，控制非农建设用地占用耕地，加大农田基础设施建设力度，大力发展生态农业。

（作者系昆明市滇池管理局总工程师）

一座山水城市的光荣与梦想

文 / 谭亚原

“半江帆影映波光，万顷金沙沐旭阳”。每当面对五百里滇池的时候，那奔来眼底的壮观就这样在心中流淌开来。

于昆明人骨子深处，其实一直将昆明视作山水之城，毕竟孙髯翁两百多年前创作的《大观楼长联》，生动地描绘了昆明秀美的自然风光和沧桑的历史变迁。不太久远的时光岁月里，曾经有撑着雨伞的林徽因，就站在龙头街娉婷着。那时，松华坝沐浴在午后的慵懒中，有鱼儿随意跳出水面；站在云津渡口，偶尔还能看到露头的贝壳；一条条入滇河流在冲进滇池一刹那，翻滚着漩涡；往南看，一派高远与寥廓……

在历史长河面前，剪不断的昆明记忆毕竟是短暂的，留给老人回味的时间所剩无几，今

生态宜居之地 （余卫东 摄）

滇池风和日丽 （刘云 摄）

天的年轻人和他们的子孙再也无法相见，钢筋水泥堆砌而成的昆明城，原来曾经是一座柔软的水城，是一座水网密集和充满灵性的古城，一座流水潺潺和渔舟如织的宁静之城，一座到处有美丽水蜻蜓飞舞的春城。

作家李承祖在其文章中写道：倒退 30 年，不知有多少个黄昏，我曾经坐在这里的田埂上，目送排成人字的大雁群从彩云悠悠的天空飞过，消失在遥远的群山后面。他的乡愁与生长在滇池边的我们相同。

几百年前，昆明三面环山，南临滇池，36 条河道纵横交错，穿城绕巷，两岸古桥繁柳，老屋印水，点缀出一派水乡泽国的城市风貌，滇池水一直涌到翠湖畔的今云南大学大门口。很多上了年纪的市民记得，20 世纪七八十年代的昆明，大观街就是由篆塘码头货物集散地形成的市场。在历史学家笔下，若干年前的昆明河道纵横交错，盘龙江穿城而过，每一条河流都曾是这座城市一道道靓丽的风景线，可谓“半城半水”。自从 20 世纪 80 年代以后，伴随着城市的快速发展，交错在昆明的大小河流逐渐消失，或填埋或覆盖或干枯……而这一切最终影响到了滇池。

《天雨流芳》编辑部同仁和昆明市滇池管理局领导在研讨本书策划方案（张倩 摄）

高原湖滨生态宜居（刘云 摄）

滇池景色旖旎（刘云 摄）

当水清岸绿山青的美景成为一段只能追忆的历史后，幡然醒悟的人们在反思之余，开始了对滇池的治理。古有赛典赤对滇池排水进行疏浚的壮举，今有大规模打捞水葫芦的轰轰烈烈。及至 2015 年习总书记在洱海边“立此存照，希望水更清”的誓言发出，滇池治理也进入了一个崭新的时代。

“九五”时期开始，滇池被列入国家重点流域治理，迄今已逾 20 年。在国家重视、部委支持下，云南省和昆明市始终将滇池治理作为大事要务，完善思路、科学治湖，如今基本形成了科学系统的治湖思路，即通过扎实推进“环湖截污、外流域引水、入湖河道整治、农村面源污染治理、生态修复与建设、生态清淤”六大工程，实现了水质稳步向好转变。

一系列行之有效的举措背后，是治理滇池一串串喜人的成绩单：昆明市主城区和环湖 22 座污水处理厂和较为完善的排水管网、截污管渠建成，污水日处理能力达 202 万立方米，尾水水质达国家一级 A 标准。截污治污体系为滇池水质改善奠定了基础。牛栏江—滇池补水工程 2013 年底建成，缓解了滇池水资源匮乏状况，加快了滇池水质改善步伐，为构建整个流域的健康水循环体系创造了条件。实行大规模的“四退三还”（退田、退塘、退人、退房，还湖、还林、还湿地），湖滨生态环境显著改善。

行走在滇池岸边，消失多年的海菜花等水生植物、

环保滇池小鸟欢歌　　（杨峥　摄）

金线鲃等土著鱼类、鸬鹚等鸟类在滇池重新出现。与此同时，36 条主要入湖河道经过治理，基本消除了黑臭水体，河道水质明显提升。在滇池流域全面禁止规模化的畜禽养殖，减少高耗肥的蔬菜和花卉种植，控制面源污染。实施滇池底泥疏浚、以鱼控藻和机械除藻等工程，削减内源污染。

在环保部等部委组织的国家重点流域水污染防治规划 2015 年度考核中，滇池流域被评为“较好”，系近年最好考核结果。2016 年，由央视发起的“中国最美湿地”微博评选中，昆明滇池湿地在全国参与投票的 10 个湿地中成为人气最高的最美湿地。也是在这一年，滇池 31 年来全年水质首度由劣五类提升为五类，打了一个翻身仗。从近年来的水质监测数据看，滇池生态环境正在稳步复苏。

但昆明重现水城风貌面临的是一道世界级难题——全世界公认水城威尼斯，有 177 条运河密布其间，人均水资源拥有量几万立方米。而昆明 400 多平方公里的城市面积只有 30 多条河道，即使加上牛栏江来水，人均水资源占有量也只有 300 立方米左右，甚至低于极度缺水城市的标准（人均水资源低于 500 立方米为极度缺水城市）。“如果吃和用都缺水，拿什么来做景观呢？”

不过，更多的有识之士呼吁，如果说“智者乐水”还仅仅只是将人与水的情感相连的话，那么上善若水则升华到了将水与人的品性相类比的高度。中国建筑师马岩松的建筑宣言中写道：“未来城市的发展将是自然和人在山水城市之中重建情感上的和谐关系。”

也因此，没有滇池的昆明是不可想象的，所以人们把滇池比作昆明的母亲湖，称其为“高原明珠”。随着“看得见山、望得见水、记得住乡愁”的话语响起，为了让这颗明珠重放异彩，昆明依托滇池治理重回山水城市的梦想再一次扬帆。就在之前一场社会各界参与的“恢复昆明水城风貌”大讨论中，让山水田园重现昆明市井的呼声一浪高过一浪。

在这样的大背景下，做好“水”文章，关乎着昆明的可持续发展。而昆明从滇池治理扩展至滇池、长江、珠江“一湖两江”流域开展的“全面截污、全面禁养、全面绿化、全面整治”，彰显出了昆明对绿色责任的担当。昆明市委、市政府明确提出：努力将昆明打造成为独具湖光山色、滇池景观、春城新姿，融人文景色和自然风光为一体，使现代文明与历史文化交相辉映，森林式、园林化、环保型、可持续发展的高原湖滨生态城市。

如今，滇池之滨，美景连珠，湖光山色，游人如织。经多年不懈与艰巨努力治理，尤其是近年的大力治理，不仅使昆明的建设大步向前迈进，更为昆明市民带来了切身有感的“福祉”：空气清新、蓝天无际；河水变清，治湖有望；市容整洁，绿树成荫……日益改善、越来越优美的城市生态环境不仅留住了连续 20 多年来昆过冬的西伯利亚红嘴鸥，更吸引着国内外万千客商汇聚昆明、投资昆明。

“落霞与孤鹜齐飞，秋水共长天一色”。虽然滇池治理仍然任重而道远，但正在好转的滇池毕竟让人们看到了希望，也激起了世人重拾昆明山水之城的梦想。在“绿水青山就是金山银山”的引领下，滇池治理正承载着昆明这座山水城市的光荣与梦想，一路前行，值得期待。

（作者系云南省政协研究室主任）

还一湖清水　建一湖美景

——记昆明建设环滇池生态文化旅游圈

文 / 贾磊

随着昆明滇池周边一个个湿地的建成，如今，无论哪个季节，涉足这些湿地，你都会领略到花木扶疏、杨柳依依的滇池美景。

一直以来，昆明市提出既要抓好滇池的治理，还一湖清水，也要抓好滇池的美化，建一湖美景，并按照建设世界知名高原湖滨生态城市的要求，把滇池生态建设规划与全市整体规划结合起来，与环滇池生态圈、文化圈、旅游圈“三圈”规划结合起来，围绕滇池发展文化旅游，挖掘高原湖泊优势资源，打造生态圈、文化圈、旅游圈，构建布局合理、功能互补、山水结合、特色鲜明的旅游产业体系，使得水体景观及周边环境明显改善，滇池生态建设呈现出良好的发展态势。

“四退三还”之后的滇池湖滨状况　（韩亚平　供图）

为知名旅游城市建设提供重要支撑

早在数年前，昆明市委、市政府就对滇池湖滨生态的“三圈”建设提出，不断加大滇池治理力度，加快推进环滇池生态圈、文化圈和旅游圈规划建设，为世界知名旅游城市建设提供重要支撑，高起点、高品位、前瞻性地规划建设环滇池生态圈、文化圈和旅游圈，使滇池成为城市的生态之湖、景观之湖、人文之湖、美丽之湖。

作为承担着保护、治理滇池职责的单位，昆明滇池国家旅游度假区在建区之初就明确，注重挖掘云南民族文化旅游和高原体育训练、康体休闲度假的优势，并以加紧打造旅游精品为重点，巩固以“高原康体休闲”“民族文化”两大品牌为支撑的旅游文化产业。

经过 20 多年的开发建设，昆明滇池国家旅游度假区的海埂片区现已建成 60 多个以观光游览、度假休闲、健身娱乐为主要内容的项目。已形成了以体验云南少数民族风情和高原体育训练、康体休闲度假为特色的两大特色品牌，成为各大集团总部不断汇聚的总部基地，被称为昆明观光游览、度假休闲、健身娱乐的“第三空间”。

2015 年以来，昆明滇池国家旅游度假区又有 4 个滇池边的好去处向市民开放——海埂公园升级改造完成；加入休闲、消费等因素的盘龙江西岸入湖口湿地公园；散步、骑车最佳选择的慢行系统；增加了停车位、厕所的捞鱼河湿地公园。

此外，昆明滇池国家旅游度假区约 4.8 公里长的盘龙江流经范围内，选取南北两端长约 1.5 公里的河段，通过景观提升和主题休憩公园的打造，以屯垦戍边、农业文化为切入点，形成了专门的绿色廊道景观。

不少市民到这里休闲健身后纷纷给予点赞：塑胶跑道最适合散步、慢跑、骑车，全线贯通后，在蓝天、白云、浩渺的滇池水映衬下，势必将引领起昆明休闲健身的新潮流。

“三圈”规划取得 4 个“全国第一”

2013 年，环滇池“三圈”规划就取得了 4 个“全国第一”，即全国第一个高原闭合湖泊生态系统、全国第一个高原湖滨低碳慢行系统、全国第一个环湖低影响开发示范区、全国第一个高原湖滨综合治理示范区。

根据规划，在很长一段时期内，昆明市将充分挖掘“高原明珠”山水资源与历史文化优势，秉承可持续性、生态优先原则，按照“五个分区、五项主题、五类模式”的总体思路，整体规划、有序开发、分步实施、科学建设，着力打造“一带多点、多彩珠串”的环滇池生态圈、文化圈、旅游圈，使之成为昆明城市生态文明新窗口、城市创新文化新载体、城市综合旅游新地标。

据了解，经过 3 到 5 年的努力，昆明目前已基本建成“北岸以城市风貌展示和文化体验为主，西岸以湖滨观光和休闲度假为主，东岸以会展、商务、度假、商业休闲为主，南岸以湖滨游览观光和历史文化体验为主”的滇池环湖生态屏障、生态旅游区、文化旅游休闲体验区。

为充分展示“春天”宜人、“春天”色彩、“春天”气息、“春天”意境和环湖历史文化遗产，维系历史文脉，提升城市文化气质，打造生态之湖、景观之湖、人文之湖，昆明市“三圈”规划构建了“一带、多点”多彩串珠结构、5 类主题、21 个湿地公园，打造 15 个典型景观节点。同时，构建主次分明、主辅完善、配套齐全、形式多样的环滇池交通体系建设，包括环湖高速、环湖景观、环湖慢行系统。环湖景观交通系统对现状环湖公路进行优化调整，突出临水、亲水、近水，形成环滇池景观路，突出以人为本，让人能休闲、体验、待得住。

打造滇池生态圈文化圈旅游圈

按照昆明市委、市政府对环滇池“三圈”的建设和打造，打造生态圈，就是要围绕环滇池来建设生态

湿地公园景色宜人　　（和丽川　摄）

之美。生态湿地建设要体现以人为本，要能让市民进去观赏、感受，所以滇池沿岸的绿化不能挡掉市民视线，要让市民看得见水，看得见西山，要讲求美学，有审美观念。

打造文化圈，就要把滇池的历史文化、民族文化、生态文化、旅游文化融为一体，比如要挖掘徐霞客等历史名人在滇池游玩的轨迹。科学谋划楼台亭阁、水系、村落建设，注重品质和质量，宁缺毋滥，建设人文之美。

按照这一思路，滇池周边的村落，昆明市认为，不能把它千篇一律地拆掉，滇池周边有历史、有文化、有内涵、有价值的东西都要好好保留下来，才能真正构建文化圈。

针对旅游圈打造，昆明市将突出以人为本，集景观、休闲、娱乐、体验为一体，建设景观之美。围绕滇池打造若干的主题公园，2018 年规划的是 11 个，海东湿地二期、王官湿地、晋宁“水上森林”湿地公园等项目，必须在本年建设完成。

昆明市一些有识之士认为，主题公园还要各有特色，形成旅游载体，要把人行道、自行车道运用起来，有科学性，有品质，构成系统。但是，不能弄巧成拙，湿地公园建好又去挖自行车道，一定要科学理性，不要重复浪费，不要在滇池湖畔搞得灰头土脸，主要要搞生态湿地慢行系统。

“旅游圈就是要让人能休闲、体验、发呆、娱乐、待得住，这就需要进行一定配套。禁建区范围以外，要有停车场，有高品质的休息、喝水的地方。”业内人士如是概括环滇池“三圈”的建设思路和基本理念。

（作者系云南政协报记者）

湖滨城市伴水而居

园林小区

健康步道

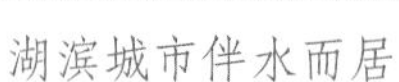

滇池与海绵城市建设

文／龚询木

昆明是一座典型的高原湖滨城市，滇池、坝子、丘陵及外围山体构成了“依山傍水，一湖三山”的山水城市风貌。素有“高原明珠”美誉的滇池在水安全、水环境、水资源、水生态等方面与昆明城市相互依存、相互影响。

从20世纪80年代开始，随着昆明城市经济社会的快速发展，人口的迅速增长，在生产和生活污水排放量增加与滇池自净力减弱的重压下，母亲湖滇池饱受污染之苦，水质富营养化速度加快，成了中国污染最严重的湖泊之一。20世纪80年代末期，昆明开始向滇池污染宣战。经过近20年艰苦卓绝的努力，2016年昆明的“母亲湖”首次摘掉了劣V类“帽子”，水质提高到了V类。但我们也要清醒地认识到，滇池保护治理工作仍然任重而道远。

2013年，在中央城镇化工作会议上，习近平总书记指出：“要建设自然积存、自然渗透、自然净化的海绵城市。”几年来，作为加强城市规划建设管理，缓解城市内涝、城市面源污染的一项重大工程，海绵城市建设在中国许多城市陆续铺开，城市规划建设理念迎来了重大转变。昆明按照规划引领、生态优先、安全为重、因地制宜的原则，综合采取“渗、滞、蓄、净、用、排”等措施，建设自然积存、自然渗透、自然净化的海绵城市，是有效减少城市面源入湖污染负荷，改善和修复滇池流域水生态环境，落实生态文明建设的重要举措。2009年昆明结合城市水资源严重短缺和治理保护滇池的需要，在中国率先探索创新出台了《昆明市城市雨水收集利用的规定》，将低影响开发和雨水利用的理念置入新建工程中，通过下沉式绿地、透水铺装、植草沟、雨水调蓄等分散式的源头削减措施，控制场地内雨水径流和径流污染。2016年，昆明积极响应国家海绵城市建设要求，在全市范围推进海绵城市建设，成立了市海绵城市建设工作领导小组，出台工作方案；编制实施了《昆明市海绵城市建设专项规划（2016—2030）》；强化建设管控，将海绵设施建设要求进一步落实到新建工程项目中；创新出台了《昆明市海绵城市规划建设管理办法》《昆明市城市区域雨水排放管理暂行规定》等6项制度，编制完善了《昆明市海绵城市建设技术导则》《昆明市海绵城市建设工程设计指南》《昆明市海绵城市建设技术标准图集》等地方技术标准，为推进昆明海绵城市建设提供了制度保障和技术支撑。同时，把海绵城市建设与滇池保护治理有机融合，按照到2020年城市建成区20%的面积达到海绵城市建设要求的目标，确定了滇池流域各区的海绵城市建设先行示范区，从区域流域入手，统筹“大海绵”与“小海绵”建设，因地制宜进行海绵城市建设。通过继续对建筑与小区、道路与广场、公园绿地等实施“小海绵”建设，实现源头减轻污染负荷；开展内涝点治理，实施雨污分流，改造管网系统，治理河道系统，确保水安全，实现过程控制；划定城市蓝线绿线，保护生态环境，实施城市河道岸线生态修复以及湿地等“大海绵”建设，提高城市雨水径流的积存、渗透和净化能力，减少城市降水径流面源污染，恢复和重建自然水循环系统，改善城市入湖河道及滇池水环境质量。目前，昆明已有270多个建筑与小区项目同期配套建设了海绵设施，60多条城市道路采用了雨水生态断面技术，50多个已建成的公园绿地补建了雨水综合利用设施。这些小海绵体利用下沉式绿地、渗透铺装、植草砖、渗排一体化系统、雨水收集池、模块水池及景观水体等方式从源头对雨水径流及污染进行控制。建成了5.4万亩湖滨生态湿地（林带），同时，为了综合解决城市雨污混流及城区部分区域雨水淹水点问题，昆明市在主城二环路以内开展了雨污调蓄池试点建设，共建成17座调蓄池，总容积为21.24万立方米。

滇池治理事关昆明经济社会发展和生态文明建设大局，滇池流域经济社会发展，应坚持“量水发展、以水定城”，把水资源、水生态、水环境承载能力承受力作为滇池流域经济社会发展刚性约束，优化生产力和人口空间布局，强化源头治理，从源头和终端减轻入河入湖污染负荷。海绵城市建设作为一种城市绿色发展新方式、作为雨水控制的新理念，对于促进城市规划建设理念转变以及水体面源污染的削减、水生态环境的改善都有着重要意义。因此，昆明应牢固树立绿水青山就是金山银山的理念，持之以恒、坚持不懈地把海绵城市建设作为滇池治理保护的一项重要措施扎实推进，努力把昆明建设成水陆统筹的高原湖滨海绵城市，早日实现“自然、生态、绿色”的美好愿景，让滇池再现高原明珠的夺目光彩。

（作者系昆明市人民政府副秘书长，本文图片由作者提供）

远眺公园1903

保护滇池　从我做起

文 / 李文慧

提到昆明的滇池，几乎无人不知，它孕育了多姿多彩的古滇文化，赋予了昆明舒适宜人的气候和独具魅力的湖光山色，是昆明最宝贵的资源、最靓丽的名片，滇池维系了昆明的生存和可持续发展。我是一名外地人，大学毕业定居昆明的几年来，滇池便慢慢融入我的生活。从大学期间认识滇池，滇池陪伴着我恋爱、结婚拍照、孕期湖边散步，再到现在孩子每周都要到滇池边玩耍等等，都是我记忆中的美丽时光。

2017年，我加入到滇池新闻信息中心，滇池保护治理宣传教育工作成为我的主责，我参与着、见证着滇池重要的几个阶段性工作，例如全面深化河长制、开展生态补偿工作等。我积极组织参与滇池保护治理相关的宣传教育活动，从力所能及的工作开始，将自己融入滇池保护管理者、参与者双重角色，深刻地体会着每一次活动带给我的荣誉、感动和快乐。各个领域、各个群体、各个行业的人们对滇池保护治理的点滴言行，都一一记录在我的脑海之中。

滇池保护志愿者队伍不断壮大

伴随滇池保护治理进程，滇池保护治理宣传教育工作也一路走来，经历了很多积累变迁。从最初见证志愿者的起步和兴起，到近年来滇池保护志愿者队伍的建立直至壮大。截至2017年，我们拥有不同领域的志愿者约5000余人，他们无私奉献，积

滇池保护志愿者招募活动　　（昆明市滇池管理局　供图）

学生河长在行动　　（昆明市滇池管理局　供图）

极响应号召，努力付出。各级机关单位从参与“共创文明城市，志愿者在行动”活动开始，到“关爱滇池，春城志愿服务者在行动”常态化志愿活动，开展滇池保护志愿者活动50多次。同时，2017年举办了市民河长、学生河长系列活动10余次。通过巡河活动，沿河劝阻不文明行为，捡拾垃圾，倡导“门前三包”等。连续8年举办放鱼滇池生态保护行动的市民放鱼活动，冬日的滇池湖畔寒风凛冽，大部分志愿者不顾严寒，依然积极参与到我们的活动中，他们的衣物在传递鱼桶的过程中早早湿透。感动的画面还有很多，比如老年人和孩子们的喜悦兴奋的笑颜。很多阿姨激动地告诉我们，她们和他们每年都来，而且都参与了云南滇池保护治理基金会的募捐。

初升的“太阳”照耀着我们的滇池

2017年11月8日，2017年学生河长（试点）学校授牌仪式在明通小学启动，随后，金康园小学、云南昌乐实验中学、红旗小学等4所学校先后被授予“2017年学生河长试点学校”，400余名学生成了昆明的首批学生河长。河长学校组织了8次巡河活动，通过巡查河道、科学放生、宣传滇池治理保护知识，小河长们积极号召广大市民不要在河道边洗刷车辆和其他物品，不要向入湖河道和滇池乱倒垃圾、乱排生活污水，不要在河道管理范围内私搭乱建、放养家畜家禽。在工作、学习和生活中通过举手之劳，譬如节约用水、垃圾分类、绿色消费等，养成良好的生活习惯，使保护滇池成为每个人自觉的行为。学生河长系列活动的举办，受到了老师、家长、市民的好评，这是进一步践行生态文明教育，增强学生环保及水生态保护意识，深化“河长制”工作的鲜活实践和举措。

滇池最美的“夕阳”

昆明滇池阳光艺术团是一支由工会系统退休的文艺骨干分子组成的滇池保护志愿者文艺团队，团员们平均年龄61岁，成立5年以来，全身心投入到滇池保护治理基层巡演工作中。他们克服种种困难，不辞辛劳，不畏严寒，不惧酷暑，不计时间报酬，深入到社区、街道、工厂、广场、农村、学校、公园、商务中心、劳务市场等群众较为集中的地方进行滇池保护治理的宣传巡演。节目贴近生活、贴近民心、贴近现实，既宣传了滇池保护治理的法律法规、政策措施，歌颂了群众中关心、保护治理滇池的好人好事，又批评了漠视滇池保护治理、破坏生态环境的行为，在观众中引起强烈反响，达到了宣传群众、发动群众、调动群众参与滇池保护治理积极性的目的。是的，他们就是移动的滇池保护治理宣传平台，没有他们的流动宣传，就谈不上“深入”，他们发挥退休后的余热，为母亲湖弘扬正气，传播环保及滇池保护理念，无不让我们敬佩和动容 。

保护母亲湖不在于职业、不在于年龄。一批又一批市民和志愿者通过各种各样的方式参与到滇池保护治理的行列中，只为保护好昆明这一湖清水。愿更多的人加入到滇池保护中来，保护滇池不仅是一种意识，一种道德，一种文明，更是一种责任，让我们一起行动起来！

（作者系昆明市滇池管理局滇池新闻信息中心工作人员）

滇池管理机构

1989年4月21日，昆明市人民政府根据《滇池保护条例》和《滇池综合整治大纲》等的有关规定和要求，以昆政发〔1989〕91号文下发《关于成立昆明市滇池保护委员会的通知》，成立“昆明市滇池保护委员会”，作为昆明市人民政府对滇池及其流域的保护和开发利用、进行宏观管理的职能机构。委员会下设办公室，负责办理具体事宜。

2002年7月26日，根据《中共昆明市委、昆明市人民政府关于印发〈昆明市级机关机构改革的意见〉的通知》，设置昆明市滇池保护委员会办公室（正县级），同时挂昆明市滇池管理局牌子。

昆明市滇池保护委员会办公室历任领导

姓名	职务	任期
张凤保	主　任	1991.12.31 ~ 2001.05.22
李国春	副主任	1989.11.15 ~ 1999.05.21
张承汉	副主任	1990.05.12 ~ 1994.05.16
周　智	副主任	1994.03.24 ~
许苏昆	主　任	2001.05 ~ 2002.06
周　智	副主任	1994.03.24 ~ 2002.06

昆明市滇池管理局历任领导

（2002.07—至今）

姓名	职务	任期
许苏昆	局长	2002.07 ~ 2006.06
周　智	副局长	2002.07 ~ 2002.10
杨忠平	副局长	2003.01 ~ 2008.02
王延春	副局长	2003.01 ~
吴泽宇	副局长	2002.10 ~
董健平	副局长	2004.07 ~
柳　伟	副局长	2006.01 ~ 2006.07

姓名	职务	任期
程经财	纪检组长	2004.07 ~
熊卫萍	机关党委书记	2003.02 ~
马文森	局长	2006.07 ~ 2008.02
杨忠平	副局长	2003.01 ~ 2008.02
王延春	副局长	2003.01 ~
吴泽宇	副局长	2002.10 ~ 2007.11
董健平	副局长	2004.07 ~
程经财	纪检组长	2004.07 ~
熊卫萍	机关党委书记	2003.02 ~
李昆敏	局长	2008.02 ~ 2010.12
王延春	副局长	2003.01 ~
董健平	副局长	2004.07 ~
姜兴林	副局长	2010.02 ~ 2010.08
邓文龙	副局长	2009.04 ~
程经财	纪检组长	2004.07 ~ 2008.08
王丽华	副局长	2009.08 ~
熊卫萍	机关党委书记	2003.02 ~ 2009.02
潘家谷	机关党委书记	2009.12 ~
严学勇	总工程师	2010.11 ~
柳　伟	局长	2011.01 ~ 2016.06
王延春	副局长	2003.01 ~
董健平	副局长	2004.07 ~
邓文龙	副局长	2009.04 ~ 2013.02
潘家谷	机关党委书记	2009.12 ~
王丽华	副局长	2009.08 ~
严学勇	总工程师	2010.11 ~ 2013.08
赵志德	副局长	2012.12 ~
沃　磊	副局长	2013.03 ~ 2014.11
但文德	副局长	2015.03 ~
尹家屏	局长	2016.06 ~
王延春	副局长	2003.01 ~ 2016.10
董健平	副局长	2004.07 ~
潘家谷	机关党委书记	2009.12 ~ 2016.09
王丽华	副局长	2009.08 ~ 2017.05
赵志德	副局长	2012.12 ~
但文德	副局长	2015.03 ~
陈志强	副局长	2016.08 ~
余仕富	总工程师	2016.08 ~
吴朝阳	副局长	2017.05 ~

花开锦绣
（杨峥　摄）

昆明市滇池管理局历任局长名单

任职时间	姓名
2001.05 ～ 2006.06	许苏昆
2006.07 ～ 2008.02	马文森
2008.02 ～ 2010.12	李昆敏
2011.01 ～ 2016.06	柳　伟
2016.06 ～至今	尹家屏

昆明市滇池管理局劳模、先进工作者名单

姓名	工作单位	荣获称号
董健平	昆明市滇池管理局	昆明市劳动模范
余绍华	昆明市滇池管理综合行政执法总队	昆明市劳动模范
余绍华	昆明市滇池管理综合行政执法总队	云南省先进生产工作者
何　洁	昆明市城市排水监测站	昆明市五一劳动奖章
杜劲松	昆明市滇池生态研究所	昆明市劳动模范
杜劲松	昆明市滇池生态研究所	云南省先进生产工作者

昆明市滇池管理局 历年来获表彰的单位和个人

（含省、市劳动模范和先进工作者）

1. 2010 年 4 月，获表彰、奖励单位部门：昆明市滇池管理局，获得表彰、奖励的名称：昆明市 2009 年度经济社会制度创新成果奖特等奖，颁奖部门：中共昆明市委；

2. 2013 年 1 月，获表彰、奖励单位部门：昆明市滇池管理局，获得表彰、奖励的名称：2008-2012 年城镇污水生活垃圾处理设施建设先进集体，颁奖部门：云南省人民政府；

3. 2010 年，获表彰、奖励单位部门：昆明市滇池管理局，获得表彰、奖励的名称：西山区新农村工作先进集体，颁奖部门：昆明市人民政府；

4. 2012 年，获表彰、奖励单位部门：昆明市滇池生态研究所，获得表彰、奖励的名称：昆明市平安建设先进单位，颁奖部门：中共昆明市委、昆明市人民政府；

5. 2002 年 3 月，获表彰、奖励单位部门：昆明市西园隧道工程建设管理处，获得表彰、奖励的名称：西山区"文明单位"，颁奖部门：昆明市西山区人民政府；

6. 2005 年，获表彰、奖励单位部门：昆明市滇池管理局渔业行政执法处，获得表彰、奖励的名称：盘龙区"文明单位"，颁奖部门：昆明市盘龙区人民政府；

7. 2008 年至 2010 年，获表彰、奖励单位部门：昆明市滇池管理局渔业行政执法处，获得表彰、奖励的名称：昆明市市级"文明单位"，颁奖部门：昆明市人民政府；

8. 2011 年，获表彰、奖励单位部门：昆明市滇池管理局渔业行政执法处，获得表彰、奖励的名称：全国渔业文明执法窗口单位，颁奖部门：农业部；

馨香四溢
（官玲 摄）

9. 2013年至2015年，获表彰、奖励单位部门：昆明市滇池管理局渔业行政执法处，获得表彰、奖励的名称：昆明市市级“文明单位”，颁奖部门：昆明市人民政府；

10. 2017年，获表彰、奖励单位部门：昆明市滇池管理局渔业行政执法处，获得表彰、奖励的名称：“亮剑2017”系列专项执法行动工作成绩突出单位，颁奖部门：农业部；

11. 2007年4月，获表彰、奖励单位部门：昆明市滇池管理综合行政执法总队，获得表彰、奖励的名称：云南省五一劳动奖状，颁奖部门：云南省总工会；

12. 2007年3月，获表彰、奖励单位部门：昆明市滇池管理综合行政执法总队，获得表彰、奖励的名称：云南省城建监察先进集体，颁奖部门：云南省建设厅；

13. 2009年2月，获表彰、奖励单位部门：昆明市滇池管理综合行政执法总队，获得表彰、奖励的名称：云南省城建监察先进集体，颁奖部门：云南省建设厅；

14. 2008年7月，获表彰、奖励单位部门：昆明市滇池管理综合行政执法局，获得表彰、奖励的名称：2007年度优秀行政执法单位，颁奖部门：云南省人民政府办公厅；

15. 2014年2月，获表彰、奖励个人：李健，获得表彰、奖励的名称：昆明市创建国家森林城市工作先进个人，颁奖部门：昆明市人民政府；

16. 2012年4月，获表彰、奖励个人：林俐、杨曙文，获得表彰、奖励的名称：昆明市创建国家园林城市、国家卫生城市工作先进个人，颁奖部门：昆明市人民政府；

17. 2013年1月，获表彰、奖励个人：张颖，获得表彰、奖励的名称：2008-2012年城镇污水生活垃圾处理设施建设先进个人，颁奖部门：云南省人民政府；

18. 2011年，获表彰、奖励个人：何洁，获得表彰、奖励的名称：昆明市有突出贡献高技能人才，颁奖部门：昆明市人民政府；

19. 2013年1月，获表彰、奖励个人：何洁，获得表彰、奖励的名称：云南省2008–2012年城镇污水生活垃圾处理设施建设先进个人，颁奖部门：云南省人民政府；

20. 2013年4月，获表彰、奖励个人：何洁，获得表彰、奖励的名称：昆明市五一劳动奖章，颁奖部门：昆明市总工会；

21. 2010年9月，获表彰、奖励个人：何伟，获得表彰、奖励的名称：云南省第一次全国污染源普查工作先进个人，颁奖部门：云南省环境保护厅、云南省统计局、云南省农业厅；

22. 2011年1月，获表彰、奖励个人：何伟，获得表彰、奖励的名称：第3届中国–南亚博览会暨第23届中国昆明进出口商品交易会筹备工作先进个人，颁奖部门：中共昆明市委、昆明市人民政府；

23. 2014年，获表彰、奖励个人：杜劲松、何锋，获得表彰、奖励的名称：云南省科学技术奖励科技进步二等奖，颁奖部门：云南省人民政府；

24. 2007年，获表彰、奖励个人：王勇，获得表彰、奖励的名称：全国渔政工作先进个人，颁奖部门：农业部；

25. 2008年4月，获表彰、奖励个人：余绍华，获得表彰、奖励的名称：昆明市劳动模范，颁奖部门：昆明市人民政府；

26. 2011年4月，获表彰、奖励个人：余绍华，获得表彰、奖励的名称：云南省先进工作者，颁奖部门：云南省人民政府；

27. 2013年3月，获表彰、奖励个人：陈澍榕，获得表彰、奖励的名称：昆明市目标管理督查工作优秀个人，颁奖部门：中共昆明市委办公厅、昆明市人民政府办公厅。

幸福绽放
（杨峥 摄）

醉人滇池景 （李俊桦 供图）

《滇池保护条例》颁布实施30年

文 / 杨曙文

1988年7月1日，一个具有里程碑意义并注定载入滇池保护史册的日子，因为《滇池保护条例》（以下简称《条例》）颁布实施，由此结束了滇池保护工作无法可依的历史，开启了依法治湖新征程，标志着滇池保护工作从此走上了有法可依、依法行政之路，开创了滇池保护法制化、科学化、规范化的新局面。

如今《条例》颁布实施已30年，尽管这部法规2002年进行了修订，2013年又被《云南省滇池保护条例》所替代，但它作为依法治湖行动纲领的地位，从未动摇或改变。一部伴随滇池保护30年的法规，它的诞生、修订，对滇池保护工作的影响，尤其是执行过程中发生的事情，对于滇池保护工作者来说，已留下许多难以忘怀的记忆。在《条例》颁布实施30周年后的今天，当我们回味滇池保护工作有法可依、依法行政的艰辛征程之时，确有无限感慨涌上心头!

在昆明立法史上，《条例》的诞生有着别样的意义。它不仅是昆明市人大常委会获得地方立法权后颁布实施的第一个昆明地方性法规，也是至今仍在有效施行，对治理保护滇池发挥重要作用的民生立法。它还是第一个由昆明市人大常务委员会亲自制定的地方性法规。《条例》制定，首先意味着昆明在滇池保护治理上“立法先行”理念的确立，使滇池保护工作“有法可依”，以立法而非仅凭行政命令成为滇池保护工作推进的首要思考。决定立法前，由于滇池及其流域是昆明市生存和发展的基础，随着昆明经济发展和人口增加，滇池承载过多，水质逐渐恶化，滇池问题已引起全社会的关心，省内外有影响的报刊多次报道，昆明市的专家、学者、干部、群众都强烈要求保护滇池。1987 年 3 月，全国人大常委会副委员长楚图南同志提出“救救滇池”的呼声，保护好滇池已成为中国人民和国际上的希望和要求。结合国内外保护湖泊最基本的经验，总结起来是依法治湖，强化管理，综合防治。为此，昆明市人民代表大会常务委员会将《条例》列为首个立法任务，于 1987 年 4 月组织力量着手制定《条例》，成立了由市人大张正副主任任组长，市政府张朝辉副市长任副组长的起草领导小组。经过一年的紧张努力工作，《条例》于 1988 年 2 月获得昆明市人民代表大会常务委员会审议通过，1988 年 3 月 25 日经云南省人大常务委员会批准，于 1988 年 7 月 1 日正式施行，这一天，也同时是《中华人民共和国水法》首次颁布执行日，说明我们保护滇池水资源、水环境的决心和行动并不算晚。

在昆明，《条例》使依法保护滇池的意识从无到有，到初步形成全社会的共识，再到家喻户晓，《条例》一直与滇池保护治理工作相伴相行，与滇池保护事业同步推进。回想《条例》诞生时，昆明市政府还没有滇池保护治理专门机构，依据《条例》第二章管理机构及职责要求设立市、县（区）滇池管理机构，昆明市在 1990 年 1 月成立了昆明市滇池保护委员会及其办公室，第二年，滇池流域盘龙、五华、官渡、西山、呈贡、晋宁、嵩明 7 个县（区）也分别成立了滇池保护委员会及其办公室。尽管市、县（区）滇池管理机构难以履行《条例》赋予的职责，《条例》的许多规定执行不到位，但是，《条例》在特定的历史条件下所发挥的规范、引导、促进和保障的作用是不可否认的。“法与时进则治，法与时宜则有功”。在吸纳了多年来依法保护治理滇池的实践经验及教训后，1999 年《条例》纳入市人大法规修订范畴。2002 年 1 月，《条例》修订版施行，明确了滇池管理机构的性质、职责和执法主体资格，2002 年 4 月昆明市滇池管理局成立，2004 年，市滇池管理综合行政执法局成立并与市滇池管理局合署，随之而来的是滇池流域各县（区）管理机构的跟进，有法必依，执法必严得到落实，依法治湖、依法管湖一路足音铿锵。2013 年 1 月 1 日，《条例》上升为云南省地方性法规，从省、市、县（区）、一直到乡（镇）的管理体制、权限和职责更加明确，执法管理措施更加完善，奏响了省市依法治湖、同心合力治理保护滇池的崭新乐章。

《条例》的生命在于实施，它的权威也在于实施。《条例》是在 2002 年以后管理机构和执法机构成立后才逐步得到实施的。《条例》以流域化整体保护为理念，避免了就滇池保护滇池的弊端，强调系统化保护滇池，突出从源头控制污染，固化了污染治理的相关措施，对滇池流域各个保护区的建设项目设定了严格的项目审查程序，从严控制流域新、改、扩建向入湖河道排放氮磷污染物的工业项目以及污染环境、破坏生态平衡和自然景观的项目，有效遏制了污染负荷的增加。加大对违法行为的查处和惩处力度：据统计，仅市滇管执法总队自 2004 年至 2017 年以来，共立案查处向入湖河道、滇池水体（湖滨带）及城市排水设施直排污水，乱占乱建，乱丢乱扔垃圾的案件 8000 多件；受理并处理群众举报及“12345”热线 2700 多件；拆除滇池水体保护区、入湖河道内的违章建筑近5万平方米；行政处罚金额3300余万元（全部上缴财政），执法工作取得了明显的成效。

《条例》不仅仅是保护滇池的地方法规，也是昆明市可持续发展的指南针，是一部有生命力、有实效的立法，以《条例》为总纲，昆明市制定并出台了一系列配套性规章和规范性文件，加强滇池水环境保护和综合治理，基本构建了滇池综合治理和环境保护的各类管理规章和制度，解决了管理权限、工作程序和环境综合整治等重要问题，为滇池水环境保护和综合治理提供了有力的法制保障。在《条例》的引领、保障下，滇池保护法规体系日趋完善，组织机制逐步健全，执法力度不断加大，全民保护滇池的法制观念日益增强，滇池水质改善并日趋向好。滇池周边生态环境的逐步改善，验证了《条例》护卫民生、引导并限控权力、督促政府积极作为、推动民众自律守法的制度设计初衷。

30年的光阴匆匆过去，未来的使命催人奋进。党的十九大明确了到2050年3个阶段生态文明建设的具体目标和当前的工作任务。在工业化、城市化高歌猛进，在经济转轨、社会转型、利益多元的今天，只有实行最严格的制度、最严密的法治，才能为生态文明建设提供可靠保障。滇池生态环境是检验昆明生态文明建设的试金石和标尺。昆明既要发展，滇池又要保护的矛盾一直存在，在负重前行中，治理保护滇池是一项长期而艰巨的任务，不可能“毕其功于一役”。“滇池是昆明的生命线，滇池治理是整个城市转变发展方式的一面镜子，也是我们工作的一面镜子，时刻在检验我们是不是真正转变了发展方式。”这是2015年8月初，昆明市委书记程连元上任后专题调研滇池治理的精辟论断。30年依法治湖的实践和历练也告诉我们，用法治力量守护“母亲湖”既是现实形势所需，也是建设法治中国的题中要义。

（作者系昆明市滇池管理局干部）

环保滇池水鸟家园　　（杨峥　摄）

湿地小景　　（杨峥　摄）

德国湖泊流域管理的经验对滇池流域的意义

文 / 马克斯·多曼

前言

每个湖泊在其演化过程中都受到自然老化的影响。随着养分的进入，生物量的发展强度也随之增加。这一过程称为富营养化，它会导致湖水水质发生变化。由于悬浮物质的沉积及生物量的形成和沉积，湖面将逐渐萎缩，湖水深度逐渐降低。没有人类的干预，湖泊的干涸就会持续很长一段时间。由于人为干预，特别是由于湖泊流域的入湖营养物质增加，富营养化现象明显加快。人为的富营养化是当今世界上大多数湖泊水质的主要问题。

在中国的经济和社会发展过程中，湖泊在过去几十年里一直扮演着重要的领土资源角色。快速的城市化、农业和旅游业的集约化，以及落后的污染治理设施导致了中国许多湖泊的严重的氮磷负荷，以及相应的严重的富营养化。鉴于湖泊污染和富营养化的严重程度，中国政府十分重视保护湖泊环境，并在实施“十一五”和“十二五”规划中，投入了大量人力和财力来治理湖泊。尽管取得一些进展，但水污染和湖泊富营养化仍然是中国的主要环境问题之一。

富营养化的主要原因是磷负荷的输入。在水生环境中，磷对植物生长起到了控制性作用，因此很多整治措施着眼于降低植物对磷元素的利用率，从而显著地降低了富营养化。

滇池流域管理

滇池是中国湖泊中富营养化最严重的湖泊之一，主要的原因是氮、磷等的过度排放，尤其是湖泊集水区城市地段的排放。广泛的科学研究有了一系列重要的成果以及改善湖泊水质的措施。这些措施主要应用于减少点源的污染。

这些措施的初步效果是非常明显的。然而，滇池的状况仍然不容乐观，因此未来恢复滇池的生态还需付出更多的努力。一个重要的因素是必须显著减少磷负荷。相比起来，对第二种主要的植物营养氮元素的限制则不是当务之急。其中一个原因是，同大多数生物一样，蓝藻需要磷和氮元素促进其生长。然而，蓝藻有一种不同寻常的能力，能从空气中提取必要的氮，将其转化为营养和蛋白质。近些年来，滇池营养物质的负荷和分布得到了广泛的研究。2013年，滇池水域各部分均达到中国水分类标准中最差的V类水质。草海的磷、氮元素的浓度甚至达到了污水厂的浓度水平。草海以及外海北部的高浓度的磷、氮负荷主要源于昆明市区的污水

滇池如画　　（段跃庆　供图）

处理、下水道溢流和地表径流。

滇池污染除了要考虑水质的富营养化问题，还必须考虑湖泊沉积物中的污染。与中国其他湖泊相比，滇池的沉积磷吸附能力处于较高水平。通过比较沉积物中的磷酸盐平衡和湖泊水的可溶性活性磷，可看出滇池北部沉积物中磷释放的风险较高。特别重要的是移动磷光体，它可以通过再溶解到达湖水。

德国在湖泊修复方面的经验

在20世纪下半叶，由于农业的工业化和集约化，德国的许多湖泊富营养化迅速增加。这就是为什么在1950年到1960年间，德国会首次出现有针对性地减少湖泊污染的措施。现在德国在成功整治湖泊方面有着丰富的经验，其中包括减氮。虽然减氮可以基本限制植物的生产，然而，在大多数情况下，产量限制效应来自于磷。因此，在德国，改善湖泊水质状况的措施不应集中在如何减少氮负荷上，而是在如何减少磷负荷上。

基本上，关于德国湖泊集水区的措施称为补救措施，内部措施称为修复。虽然补救的目的是减少对湖泊的养分投入，但修复是在内部过程中进行的，通常只是一种症状治理（治标不治本）。这就是为什么适用这一原则：在修复之前进行补救，因为必须优先考虑对抗各种富营养化的原因。只有在消除或尽量减少外部养分投入后，内部措施才能使水质持续改善。在一定的条件下，可以并行实施整治和恢复措施。通常，一些改造或修复措施的结合可以取得成功。任何治理的目标都是改变湖泊的现状，使之尽可能地达到自然状态。原则上，降低水体磷浓度有3种不同的策略，可单独使用，也可以结合使用。这些策略包括：减少磷负荷，增加磷在沉积物中的滞留量，增加磷释放。一般来说，这些减少磷负荷措施的治理效果并不会立竿见影，而是在一段时间之后才逐渐显现。德国最大的湖泊——康斯坦茨湖，就是这样的例子。

下图显示了康斯坦茨湖的一部分视图。图表显示，恢复低于10 mg / m³ 的初始磷浓度需要50多年。1979年发现最高的磷负荷是87 mg / m³。在康斯坦茨湖流域的污水处理厂建设中，有效控制了养分入湖，在30年左右的时间里，湖水中的磷逐渐降低到初始磷浓度。

康斯坦斯湖面积536 km²，平均深度为90米。湖的西部面积63 km²，只有平均13米的深度，水体置换时间为4.5年。相比，相同数量级下滇池的水体置换时间为2.75年。40年前，迫在眉睫的康斯坦茨湖的修复工作由康斯坦茨湖国际水保护委员会发起，该委员会于1959年成立。

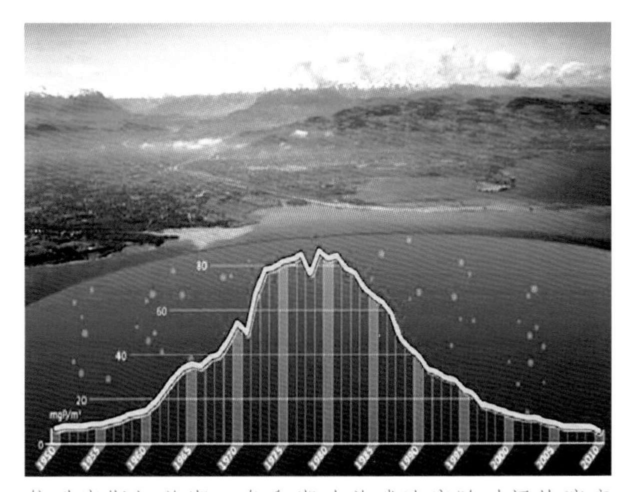

俯瞰康斯坦茨湖一角和湖泊总磷浓度随时间的演变（2013年）

（马克斯·多曼 供图）

补救措施的重点是通过减少对湖泊磷的排放量来减少藻类生物量。40多年前，针对性地扩大湖泊集水区的所有污水处理厂，开始建设脱氮除磷设施。为了减少城市污水的排放，建造了暴雨水箱。当前的康斯坦茨湖的磷含量5mg/ m³ (2016年)。未来工作的重点将是预防，在损害发生之前消除负面的事态发展。由于海岸地区的高度发展，生态功能受到限制。因此，针对康斯坦茨湖结构性的生态复原措施目前被放在了首要位置进行考虑(2013年)。近几十年来，由于气候变化，康斯坦茨湖的水温已经上升了约1℃，预计在未来几年进一步的湖体升温将会增加相关的问题。这将导致湖泊的垂直循环和氧气含量减少。与此相反，生物化学反应过程将被提升，而这反过来又会需求额外的氧气含量。

目前，环湖排污或污水分流的原则在德国得到了广泛发展。通过这种方式，我们了解了近海岸地区的污水收集和集中处理，以及湖水下净化后的废水排放，从而避免了废水直接排放到湖中。因此，即使有在湖上直接定居的因素，也可以实现湖泊的永久修复。集中的废水处理需要一个污水系统，将污水从湖泊集水区引向中央主下水道。它的路线通常非常强有力地沿海岸线（环形下水道）走，或者可以由静水本身作为压力线引导。1957 年至 1960 年间，德国南部 9 公里处的泰格恩施建造了一个环形下水道系统，这在世界上尚属首次。这种方法后来被应用于许多德国湖泊。一个例子就是基姆湖。这个湖面积 80 平方公里，平均水深 25.6 米，水体置换时间为 1.3 年。到 1970 年，湖泊富营养化稳步上升。

这个湖的浅海湾尤其受到威胁。1975 年，出现弱富营养化状态，主要的湖盆已经出现了类似的不良趋向。因此，1986 年至 1989 年，基姆湖实现了环湖排污。这需要在湖中铺设 50 公里长的岸侧下水道和 28 公里的压力管道。所有的废水都流入湖泊下面的中央处理厂。

由于上述措施，基姆湖每年有 30 吨以上的磷负荷被削减。通过每 20 mg/m³ 以上的环湖排污系统，湖泊中的磷浓度可在短短几年内降至 10 mg/m³ 以下。

德国在农业用地控制扩散污染方面有着丰富的经验。在农业环境中尽量减少对湖泊的损害，采用适当的耕作方法或扩大措施发挥着重要作用。

此外，通过水边缘条，可以防止养分从农田冲走。然而，水边缘带的缓冲效果是有限的。在农业用地中，侵蚀风险的增加尤为重要。在坡度较大的地区，侵蚀使其极易移动富含磷酸盐的表土。

只有在上述措施不能令人满意地改善这种湖泊的情况下，才应在湖泊上采取恢复措施。

根据德国的经验，可以提出以下建议，以减少农业中养分的释放：

——所有农业措施都要因地制宜。在倾斜地形的情况下，应避免密集的土地管理，以避免侵蚀和径流进入湖泊。

——农作物用地和牧场应尽可能不靠近水边，应与湖泊隔开足够的空间（至少 10 米宽的水边缘条）。

如果不能建立连续的缓冲带，那么被高度管理的草地就被视为有价值的湖体保护基础设施。

——雨水不应直接排入湖水中。农业区按照区位划分，尽可能广泛地使用。

总结

20 世纪工业发展和人口发展在世界范围内产生了重大的环境问题。这也使得许多湖泊成为污染严重的死水。过量的植物养分污染导致了大量的富营养化问题。滇池污染就是如此造成的。

在德国，治理富营养化湖泊开始于 60 年前。当时的措施主要集中在降低废水中的磷负荷。对于类似滇池这样的富营养化湖泊，降低磷负荷也是非常必要的。目前很多德国湖泊可以为中国湖泊的治理提供丰富的经验。对中国而言应该意识到一个重要的湖泊治理特点，那就是尽管已经采取了很多的措施，湖泊的生态重建通常还是会花费相当长的时间。

（编译：张倩　审校：高翎）

作者简介：

马克斯·多曼（Prof. Max Dohmann）德国亚琛工业大学水和废水管理研究所终身教授、德国水协会董事会副主席，清华大学等国内知名大学客座教授，博士。自 2016 年起任“德国环境服务平台 DUP”的总经理，参与中国环境领域，特别是水环境方面多个规划项目。多曼教授因德中环境保护合作方面的卓越贡献，被德国联邦政府授予“一级功勋十字勋章”。

2001 年—2016 年滇池治理大事记

2001 年

4 月 25 日，省政府在昆明市召开滇池污染治理现场办公会，检查督促滇池污染治理工程进展情况，研究解决相关问题，加快推动云南省以滇池污染治理为重点的生态环境保护和建设工作。

10 月 26 日，省政府召开第 68 次省长办公会，贯彻落实 8 月 9 日温家宝副总理的重要批示，专题研究滇池污染治理的有关问题。

11 月 19 日，在昆参加省环保局、国土厅、科技厅和日本湖泊学会等单位举行的为期 3 天的“富营养化湖泊治理及管理昆明国际研讨会”的国内外专家现场考察滇池。

2002 年

1 月 21 日，云南省人大常委会第二十六次会议批准《昆明市人大常委会关于修改<滇池保护条例>的决定》，修正后的《滇池保护条例》予以公布实施。

3 月 25 日 -27 日，由国家环保总局、云南省环保局举办，云南省环科所承办的中国富营养化湖泊及其流域治理国际研讨会在昆明举行，国内外湖泊专家实地考察滇池污染及治理情况。

4 月 18 日，昆明市政府在昆明市滇池管理局新址办公楼举行昆明市滇池管理局揭牌仪式。滇池管理局的成立，标志着“一龙牵头治水，各部门配合协调”的管理机制已初步形成。

2003 年

3 月 12 日，国务院正式对《滇池流域水污染防治“十五”计划》做出书面批复，同意该计划，并要求各级政府组织实施。

4 月 25 日，滇池保护委员会专家咨询组会议召开，专题研究“一湖四环”现代昆明建设与滇池保护治理的问题。

5 月 29-30 日，省委、省政府召开“昆明城市规划与建设现场办公会”，确定了以滇池治理为中心，实施“一湖四环”，建设现代新昆明的重大战略。

8 月 25 日，受昆明市政府委托，市滇池管理局和瑞士联邦环境科学院举办了为期两天的“昆明市水环境治理与可持续发展专题研讨会”，中外专家及相关人员 100 多人参加了会议，形成了合作备忘录。

2004年

5月31日，总投资8128万元的盘龙江上段截污工程竣工投入运行。

8月22-27日，昆明市政府考察团赴无锡考察，学习太湖治理的先进经验。

10月15日，昆明滇池投资有限责任公司成立，滇池治理投融资平台正式建立。

2005年

1月25日，国家水利部水土保持监测中心在昆明召开了滇池北岸水环境综合治理工程水土保持方案大纲评估会，会议通过了该工程水土保持方案大纲。

7月19日，国家水利部批复了《滇池北岸水环境综合治理工程水保持方案报告》。

9月6日至7日，中国第一届“水文化与水环境保护国际学术会议”在昆明召开，来自20多个国家的100多名专家学者，就各国水文化和水文明、水环境保护以及滇池治理等问题进行了学术讨论。

2006年

3月5日，国务院总理温家宝在十届全国人大四次会议上作政府工作报告时提出：要加快建设环境友好型社会，重点搞好“三河三湖”等流域污染防治工作。滇池被国家列入污染防治重点。

7月30日，国务院原总理朱镕基在省、市有关领导陪同下视察了滇池，并听取滇池污染治理工作情况汇报。

2007年

6月30日，国务院总理温家宝在无锡召开的太湖、巢湖、滇池治理工作座谈会上指出，要把治理“三湖”作为中国生态环境保护的标志性工程摆在更加突出、更加紧迫、更加重要的位置，科学规划、加强领导、明确责任，坚持高标准，严要求，坚定信心，坚持不懈地把“三湖”治理好。

10月23日，国家水专项滇池项目实施方案《滇池流域水污染治理与富营养化综合控制技术及示范》编制完成，并上报国家审查。

2008年

4月1日，昆明市滇池流域水环境综合治理指挥部在明通河南段举行“入滇河道义务清淤活动启动仪式”暨明通河义务清淤活动。

湿地风光
（付韬 摄）

7 月 18 日，昆明市滇池流域水环境综合治理指挥部办公室下发了《关于在滇池外海开展“两退两还”的通知》，进一步明确任务，落实责任。

2009 年

5 月 14 日，中国银行云南省分行与昆明滇投公司正式签署“滇池治理银企战略合作协议”，将提供 40 亿贷款授信，用于支持昆明市滇池环湖南岸截污、生态湿地项目建设等滇池治理项目的全面开展。

5 月 15 日，滇池环湖截污工程建设指挥部成立，指挥部负责组织环湖南岸干渠截污工程建设和协调整个环湖截污工程实施。

7 月 25 日，中共中央总书记、国家主席、中央军委主席胡锦涛一行视察滇池，实地察看草海、西华湿地，胡总书记叮嘱随行的各级干部，要按照生态文明建设的要求，下大力气降低能源消耗，降低污染排放，让良好的生态环境成为云南可持续发展的宝贵资源和财富。滇池是昆明的“母亲湖”，要下决心把滇池污染治理搞得更好更快些。

12 月 3 日，省政府法制办公布了《云南省滇池保护条例（草案）》听证结果，对滇池流域保护区的具体范围，即划分的 3 个保护区重新修改界定。

2010 年

2 月 17 日，中共中央政治局委员、中央书记处书记、中组部部长李源潮调研视察滇池治理工作并做指示。

4 月 2 日，国务院副总理李克强对“云南省反映滇池蓝藻水华可能提前暴发”作出批示，要求“环保部注意指导地方加强监测，做好相关预案与处置”。

5 月 20 日，美国《今日美国报》《纽约时报》《新闻周刊》《华盛顿邮报》《国家地理杂志》等 13 家主流媒体资深编辑访华团实地采访拍摄船房河、底泥疏浚二期工程柳苑堆场和永昌湿地。

6 月 2 日，国务院副总理李克强视察滇池治理工作，强调要加大生态环境保护和建设力度，推进重点区域水污染治理，使滇池这颗高原明珠早日重现光彩。

8 月 13 日，由爱沙尼亚、拉脱维亚、立陶宛波罗地海沿岸三国主流媒体负责人、资深记者和政府新闻官组成的新闻团实地考察滇池湿地建设和滇池综合治理情况。

11 月 1 日，由昆明市政府主办，市滇管局、共青团昆明市委承办了“爱滇池，昆明青年在行动”

保护母亲湖主题活动。

12 月 8 日，省农业厅、昆明市政府联合举行“金线鱼放流滇池”活动仪式，10 万尾金线鱼鱼苗被首次放流入湖。

2011 年

3 月 20 日至 23 日，国家环保部会同发展改革委、监察部、财政部、住建部、水利部、南水北调办，对滇池重点流域水污染防治规划 2010 年度实施情况及“十一五”总体实施情况进行考核。国家重点流域规划考核组在经过实地查看和综合检测后认为：“滇池治理以超出前两个五年计划的投入力度和实施力度，取得了明显进展并创造出鲜活经验，走出了一条湖泊流域水污染防治的新路子，滇池治理初见成效。”

8 月 3 日，央视《新闻联播》头条播出“滇池治理初见成效，为我国高原湖泊水污染治理走出一条新路”的新闻。

11 月 28 日，“绿色中国 2011 环保成就奖大型评选活动”在香港举行，昆明滇池治理整体工程荣获“杰出环境治理工程奖”。

2012 年

1 月 22 日，昆明市滇池管理局与北京清华城市规划设计研究院、云南水利水电勘测设计研究院联合体签订《滇池流域中长期综合管理总体规划》合同。

3 月 25 日，国家水利部副部长李国英一行对滇池“十一五”以来治理情况进行视察。

3 月 27 日，亚太区域合作会议全体参会嘉宾现场考察滇池泛亚国际城市湿地、滇池治理及昆明市污水处理相关情况。

3 月 31 日，联合国人居署亚太总部办事处主任野田顺康和日本福岗都市研究所主任研究员唐寅博士一行 3 人，到昆研究考察滇池综合治理等情况。

4 月 10 日，国家发展和改革委员会副主任解振华一行赴滇，实地调研滇池治理情况。

4 月 10 日，国家环保部部长周生贤一行实地调研滇池治理情况，对滇池治理取得的各项成效给予充分肯定，并提出明确目标责任。

5 月 17 日至 18 日，国家环保部吴晓青副部长一行赴滇考察，对滇池污染治理情况进行了现场考察。

河道景色

2013 年

3 月 21 日，省委副书记、省长李纪恒在调研牛栏江——滇池补水工程时提出，各级各部门要以更加坚定的信念、更加有力的措施、更加扎实的作风，毫不松懈地抓好工程建设各项工作，争取国庆前补水工程实现通水，尽早发挥效益。

5 月 8 日，全国政协副主席、农工党中央常务副主席刘晓峰率农工党中央调研组一行 19 人调研滇池水污染综合防治工作。

5 月 14 日，葡萄牙华人华侨社团联合会会长郭焕光一行对滇池生态清淤项目进行投资考察。

5 月 20 日，德国布隆格环境规划设计公司总工程师 Michael Blumberg 赴滇池进行参观考察，就合作事宜进行交流。

8 月 1 日，国家环保部代表和台湾嘉宾等 60 人，实地考察滇池保护治理情况。

2014 年

1 月 13 日，昆明市政府市长李文荣在昆明市十三届人大五次会议上提出，今年要深入实施滇池治理“三年行动计划”，完成 38 个治理项目，投资 126 亿元以上，确保国家考核的 16 条主要入湖河道水质达标率到 70% 以上。

5 月 29 日，滇投公司获得《国家发改委关于云南昆明滇池投资有限责任公司发行公司债券核准的批复》（发改财经［2014］1096 号），这是滇投公司在 2009 年、2013 年发行两期总额为 20 亿元企业债券的基础上，成功申报发行第三期滇池治理 18 亿元公司债券。

8 月 25 日，瑞士水务公司专家到昆，对纳入昆明市与苏黎世市友城合作项目的《昆明市城市排水（雨水）防涝综合规划》开展为期一周的咨询服务。

2015 年

4 月 29 日，盘龙区法院在滇池湖畔以环境公益诉讼案件的形式，公开审理并当庭宣判了云南省首例非法捕捞水产品案，6 名被告因在滇池封湖禁渔期间非法捕捞 458.4 公斤鱼而被以非法捕捞水产品罪定罪处罚。该案中，被告人自愿出资购买 40 万尾鱼苗投放到滇池，成为云南省首例采用修复机制审理的水产资源类环保案件。

7 月 29 日，昆明市政府召开中德水专项 SINOWATER 项目对接工作会议，就改善滇池水

域的水质以及水资源综合管理的发展和优化相关事宜进行对接。

9 月 13 日至 14 日，国家水专项总体组组长、技术总师孟伟院士带队赴昆，开展滇池流域“十三五”发展战略调研。其间，孟伟院士工作站在昆明成立，这是我省首个湖泊治理领域院士工作站。

9 月 25 日，环保部部长陈吉宁率调研组到昆明调研滇池治理工作。

10 月 23 日，环保部发布重点流域水污染防治专项规划 2014 年度考核结果，滇池流域水污染防治规划 2014 年度实施情况顺利通过国家考核。

11 月 3 日至 6 日，中德水专项 SINOWATER 项目德方代表访昆，并与昆明市政府签署了中德水专项 SINOWATER 项目合作备忘录。

11 月 15 日，第十届中法市长圆桌会议代表一行 30 余人考察滇池治理情况。

11 月 29 日至 12 月 1 日，世行东亚和太平洋地区水实践发展局局长邬志明一行访问昆明，探讨《滇池流域中长期综合管理总体规划》等项目。

2016 年

4 月 13 日，国家科技部徐南平副部长一行到昆明考察滇池综合保护治理情况。

5 月 13 日至 14 日，农业部余欣荣副部长一行到昆明市督导调研农业防汛抗旱和特色产业扶贫工作，并实地调研滇池防汛备汛及渔政管理工作。

5 月 30 日至 6 月 1 日，英国议会跨党派中国事务小组代表团到海东湿地、环湖截污展览室和昆明市第七污水处理厂参观，了解滇池治污成果以及国际合作需求。

6 月 23 日，水利部田学斌副部长一行考察滇池综合保护治理情况。

7 月 5 日，老挝国家政治行政学院副院长一行赴省委党校交流访问，并对滇池生态修复与环境治理工程进行现场学习。

8 月 30 日，乍得新闻代表团一行参观海东湿地。

注：“大事记”涉及年份期间，有许多省、市的代表团到昆考察滇池治理，因篇幅所限，本文不一一列出。

（昆明市滇池管理局）

滇池入湖口
（张倩 摄）

图书在版编目（CIP）数据

母亲湖之歌 ： 滇池治理保护专辑 / 刘云主编. --
昆明 ： 云南人民出版社，2018.1
（天雨流芳丛书）
ISBN 978-7-222-16915-9

Ⅰ. ①母… Ⅱ. ①刘… Ⅲ. ①散文集—中国—当代
Ⅳ. ① I267

中国版本图书馆 CIP 数据核字（2017）第 324818 号

责任编辑：任梦鹰 范晓芬
装帧设计：官 玲
责任印制：代隆参

母亲湖之歌
MU QIN HU ZHI GE
滇池治理保护专辑
DIAN CHI ZHI LI BAO HU ZHUAN JI

主编 刘云

出版 云南出版集团 云南人民出版社
发行 云南人民出版社
社址 昆明市环城西路 609 号
邮编 650034
网址 www.ynpph.com.cn
E-mail ynrms@sina.com
开本 889mm×1194mm 1/16
印张 10.5
字数 230 千
版次 2018 年 1 月第 1 版第 1 次印刷
印刷 云南华达印务有限公司
书号 ISBN 978-7-222-16915-9
定价 50.00 元

如有图书质量及相关问题请与我社联系
审校部电话：0871-64164626 印制科电话：0871-64191534

云南人民出版社公众微信号